高等农林院校普通高等教育"十三五"规划教材

测树学实验实习教程

王冬至　主编

李永宁　张志东　许中旗　副主编

中国林业出版社

图书在版编目(CIP)数据

测树学实验实习教程 / 王冬至主编 . —北京：中国林业出版社，2021. 1
高等农林院校普通高等教育"十三五"规划教材
ISBN 978-7-5219-1064-3

Ⅰ . ①测… Ⅱ . ①王… Ⅲ.①测树学–高等学校–教材 Ⅳ.①S758

中国版本图书馆 CIP 数据核字(2021)第 038562 号

中国林业出版社教育分社

策划、责任编辑：肖基浒

电　　话：(010)83143555　　　　　　**传　　真：**(010)83143516

出版发行　中国林业出版社(100009　北京市西城区德内大街刘海胡同 7 号)
　　　　　　E-mail：jiaocaipublic@ 163. com　电话：(010)83143500
　　　　　　http：//www. forestry. gov. cn/lycb. html
印　　刷　三河市祥达印刷包装有限公司
版　　次　2021 年 1 月第 1 版
印　　次　2021 年 1 月第 1 次印刷
开　　本　850mm×1168mm　1/16
印　　张　8
字　　数　185 千字
定　　价　30. 00 元

前　言

测树学是林学、森林保护及其相关专业的专业基础必修课程，具有较强的理论性与实践性，不仅为林学、森林保护及其相关专业课程提供了描述森林的专业术语及森林资源调查与评价的理论、技术与方法，而且为森林发挥多种效益、保持森林生态平衡、开展森林可持续经营、加强森林资源管理与利用及森林质量精准提升等提供所需的基础数据。测树学实验与实习是测树学教学环节的重要组成部分，为加强学生对测树学理论知识的理解及提升学生的动手与实践能力，提供了有力依据。因此，测树学实验与实习的教学工作已受到了相关院校及科研院所的高度重视。

《测树学》(第4版)(2019年)进一步明确了我国当前森林经营及森林资源管理的实际工作，在兼顾未来林业发展需求的基础之上，调整了教材的整体结构，进一步完善了课程理论体系和教学内容。随着第4版《测树学》的出版及其在教学和科研中的应用，其实验与实习教学环节应进行相应的调整。本书从林木与林分测定角度出发，按照树木状态及其生存环境逐个介绍了所包含调查因子的测定方法、步骤及主要因子的测算方法和步骤。在介绍各因子常规测算方法的同时，给出了部分主要因子测定的最新研究进展与思考。

本教程编写过程中，在参考《测树学》第3版(2006年)、第4版(2019年)、《测树学实习指导书》(1984年、1991年)、《测树学实验实习教程》(2016年)等相关资料的基础上，设置了本教程的主要内容：常规测树仪器的种类、构造及其使用方法，标准地设置及主要因子的调查方法，单木和林分水平主要调查因子测算方法与技术，非木质森林资源的单木(株或丛)水平及林分水平调查方法与技术。其中，标准地设置与调查，生物量测算，角规测树，以及非木质森林资源调查等相关章节可作为本科教学实习内容；其余章节可利用基本仪器设备、已有的调查数据资料及相关数表等材料作为实验内容。

本教程编写是基于《测树学》(第4版)教材体系，着眼于未来测算理论与技术的发展方向，服务当前野外森林资源测定及室内数据测算，可以作为高等农林院校林学专业教材，也可供林业、生态、环境、自然资源等相关领域进行森林资源调查、树木及林分测定等方面的研究人员和调查员参考。

鉴于编者的水平有限，书中难免会有疏漏或者错误等，敬请各位读者批评指正。

编者

2020年10月

目 录

第1章　误差分类及来源

任何被测物体，其大小、数量都有一个客观存在的真实值，称为真值；而用仪器设备观测的未知量或用数学方法推算（模拟）的未知量称为观测值或预测值（模拟值）。通常情况下，观测值或预测值（模拟值）不会等于真值，因为在观测、计算及模拟的过程中不可避免会存在误差。观测或模拟的目的就是为了求得这个真实值，但由于物质的无限可分性以及其他主客观因素的影响，这个真值是不能确知的，只能通过一定的测量、推算或模拟等方法求得其近似值，近似值和真实值之差就称为误差，即：误差=测算值-真实值。

误差可以从不同的角度进行分类，通过分类可以帮助我们对不同误差的特点有更明确的了解。误差都是在测量和计算过程中产生，由此可分为测量误差（指在测量过程产生的误差）和计算误差（指计算过程产生的误差）。测量误差主要来源于观测者、测量仪器、测量环境、测量对象等，而技术误差主要来源于计算精度、计算方法、模型结构及误差结构等。

1.1　目的

（1）进一步了解测树学中的误差来源、分类方法及有效数字。

（2）进一步了解测树学中的常用计量单位及标准符号。

1.2　误差分类

从抽样技术角度，误差可分为抽样误差（指由样本估计总体产生的随机误差）和非抽样误差（抽样误差以外的其他误差）。

从误差来源，误差可分为过失误差、系统误差和偶然误差。

为了减小测算结果的误差，必须认真考虑误差的不同来源，才能在工作过程中加以注意。因此，有必要较详细地讨论误差的来源。

（1）过失误差（粗差）

过失误差是由工作者过失引起的。例如，错误使用仪器、读错数字、计算错误等。这类误差只要通过细心工作、多次重复观测、及时检核与验算、严格督促检查就能避免。

（2）系统误差

由于某种原因引起一个不变的恒定误差值，并朝一个固定方向偏大或偏小。这类偏差，有的可在事后对结果加以改正，例如，仪器刻度有错、测计尺度（轮尺、皮尺、材积表等）偏大或偏小、计算公式有偏等，但有些系统误差在事后却无法改正，且无法知道其偏差大小，例如，系统抽样设计不当引起的系统偏差等。这种偏差只有在抽样设计中严加注意，就可避免。多次重复测量计算平均值不能减小系统误差。

（3）偶然误差

此种误差的大小和正负符号完全是偶然的，可看作随机变量。这种误差的来源在测树工作中可以是多方面的，例如，用轮尺测定树干直径、用材积表确定树木材积、林分或森林蓄积量、用随机样地估计森林总蓄积量等都会产生偶然误差。抽样误差也属于偶然误差。偶然误差是无法避免的，但其误差值的大小却可以控制，且可以根据概率论的原理和方法估计出误差的取值范围。这是森林抽样调查设计所要考虑的重要问题之一。

1.3 精确度与准确度

明确了以上各种误差的概念，就不难弄清精确度和准确度的概念。精确度和准确度这两个名词在日常生活中往往被混淆，但在科学技术上它们各有不同的含义。

精确度也叫精密度，是指由于偶然误差而使观测值在其平均值周围的一致性程度。例如，用同一个测高器重复测同一株树的高度若干次，每次量测结果不会完全相同。各次量测值之间差别小的（一致性程度高）表示测定的精确度高；反之则低。在抽样调查中，各个样本单元观测值与样本平均值的一致程度也同样是用精确度表示。因此，精确度可用来表示仪器的效能或抽样调查结果与总体一致程度。

准确度则表示测算求得的近似值与真值的接近程度。它和总误差相对应，总误差小的准确度高；反之准确度低。任一个测算结果可能混合有过失误差、系统误差和偶然误差。一个测算结果，即使偶然误差或抽样误差很小，精确度很高，但却含有较大的过失误差或系统误差，其结果的总误差仍可能很大，即准确度可能很低。

在测树工作中，有些量可以直接量测求得，如树干直径等，有些量则只能推算出，如树干材积、森林蓄积量等。综合应用量测、推算方法求得调查对象的近似值是测树学的基本测算技术。因此，最后求得的结果必然会包含了各种性质的误差。尽管实践中通常只计算出抽样误差或精确度，但全面考虑各种可能发生的误差，力求提高最后测算结果的准确度，这是测树工作中必须特别注意的问题。

1.4 有效数字

有效数字是指能有效反映某一数量大小的数字。由于误差的客观存在，测算只能取得近似值，由此产生有效数字问题。测算过程中记录和运算所取的数字位数，如少于有效数字，会损失精度；如多于有效数字，会造成无效劳动。因此，有必要掌握有效数字的规律。

一个数的有效位数是从左向右自第一个非零数字开始到最后一个可能是零的数字为止的位数。例如，24、2.4、0.24、0.024 等数字都有 2 和 4 两个有效数字。

一个数量，如只改变其计量单位，则只移动其小数点位置，有效数字的数目不变。例如，1.341 m 和 134.1 cm 都是有 4 个有效数字。

在测量和模拟计算过程中，首先碰到的有效数字问题是量测数字的记录要遵从有效数字规则。例如，用测高器测树高，可以 m 为单位记录，如要求记录到 cm，则应该被认为是不正确的，因为这种量测达不到这个精度。在数据处理上，如树高量测值是 13.1 m，不可写成 13.10 m，如果是 13.0 m，不可写成 13 m。因为 13.1 和 13.0 这两个数字的有效数字是三位，而 13.10 是四位有效数字，13 则是两位有效数字。

　　记录有效数字可以认为都是整化值。例如，13.1 这个数可认为是由 13.05 到 13.14 之间的任一个数整化而来。整化可采取四舍五入法则，也可以采取舍去尾数的办法。例如，13.06 这个数，如采用四舍五入法则，则应整化为 13.1，如采取舍去尾数的办法，则应整化为 13.0。

1.5　径阶整化

　　在大量测定工作中，往往需要更大幅度的整化。例如，测定大量树木的直径时，通常是按 2 cm 或 4 cm 间距进行整化。此时只记录 2、4、6、8、…或 4、8、12、16 等整化值。两个整化值中间的数值，可按统计上规定的上限排外法或下限排外法，归入上一个或下一个整化值。例如，若按 2 cm 整化，采取上限排外法，则 3.0、5.0、7.0 等值应分别归入 4、6、8 等整化值中。

1.6　主要计量单位及符号

　　测树应用技术中调查因子主要包括直径、断面积、高（长）度、材积（或蓄积量）、年龄等多种因子，我国长度计量单位是采用米制的国家。在测树应用技术中，各种量的计量单位及惯用符号列于表 1-1 中。

表 1-1　主要测计量及其单位符号

测计量	常用符号	计量单位	计量单位标准符号
树干直径	D、d	厘米	cm
林分平均直径	D_g	厘米	cm
林分算术平均直径	D	厘米	cm
树干断面积	g	平方米	m^2
林分总断面积	G	平方米	m^2
林分平均断面积	g	平方米	m^2
林分每公顷林木断面积	G	平方米	m^2
树干全部或局部长度	L 或 l	米	m
树木全高或某部位高度	H 或 h	米	m
林分平均高	H_D	米	m
林分算术平均高	H	米	m
林分优势木平均高	H_T	米	m
树干全部或局部材积	V 或 v	立方米	m^3
林分或森林蓄积量	M	立方米	m^3
林分每公顷林木蓄积量	M	立方米	m^3
材积（连年）生长量	Z_v	立方米	m^3
林木年龄	A 或 t	年	a
林分年龄	A	年	a

1.7　思考题

（1）误差的分类及来源都有哪些？

（2）如何确定有效数字及确定有效数字的意义？

（3）径阶整化方法有哪些？

第2章 基本测树仪器的种类及使用方法

树木的直接测量因子及其派生的因子称为基本的测树因子，直接测量因子是指通过测量仪器直接测得的因子，如树干的直径、树高等，这些均是树木直接测定因子；还有一些因子，如树干横断面积、树干材积、形数等是在直接测定因子的基础上，通过计算获得的因子称为派生测定因子。在实际调查中，直径和树高是两个重要的测树因子，对森林资源清查、模型模拟及森林经营管理决策至关重要。

2.1 目的

(1)熟悉几种常用测树仪器的基本构造、原理及其使用方法。

(2)掌握树木直径和树高测定方法及其注意事项。

2.2 仪器及用具

轮尺、围尺、布鲁莱斯测高器、超声波测高器、DQW-2型望远测树仪、林分速测镜、三脚架、卷尺、记录用表、计算工具等。

2.3 仪器的构造、原理及使用方法

树高和直径不仅是森林资源调查中的主要观测因子，也是衡量树木生长好坏的两个重要因子，因此选择适宜的观测设备并掌握其正确的使用方法，对提高观测精度具有重要作用，本节重点介绍生产实践中常用测径仪器(轮尺、胸围尺)、测高仪器(布鲁莱斯测高器、超声波测高器)及多功能测试仪(林分速测镜、望远测试仪)的构造、原理及其使用方法。

2.3.1 轮尺

轮尺又称直径卡尺(图2-1、图2-2)，有木制和铝合金制两种，构造十分简单，主要由固定脚、滑动脚、测尺三部分构成，固定脚和滑动脚与测尺保持垂直。目前，国外最先进的电子自计轮尺可以自动记录直径观测数据，测量结果直接存储后，可以在计算机上读取

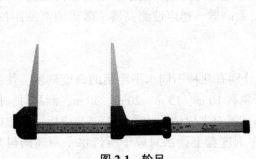

图 2-1 轮尺

图 2-2 电子自计轮尺

并进行处理，这样不仅可以节约时间而且记录准确。在森林调查中，为简化测算工作，通常将实际直径按上限排外法进行分组，所分的组称为径阶，用其组中值表示。径阶大小（径阶距）一般可以按 1 cm、2 cm 或 4 cm 进行划分。

轮尺测径注意事项：

（1）测径时，轮尺固定脚、滑动脚、测尺必须紧贴树干，读出数据后，才能从树干上取下轮尺。

（2）测立木胸径时，应严格按照 1.3 m 的部位进行测定。如在坡地，应站在坡上部，确定树干上 1.3 m 处的部位，然后再测量其直径。树木若在 1.3 m 以下分叉时，按两株分别记测。

（3）当树干横断面不规则时，应在树干相互垂直的两个方向分别测径，取其平均数作为胸径测定值。

（4）当树干横断面有瘤状物或畸形时，应在其上下等距处测径，取其平均数作为测定值。

2.3.2 围尺（直径卷尺）

围尺又称直径卷尺（图 2-3），用于围测树干直径的卷尺，一般长 1~3 m，围尺有上下两个刻度值，上部刻度值为经过换算后的直径值，下部刻度值为普通米尺刻度值。使用时，必须将围尺拉紧后平围在树干上，应使围尺与树干垂直在同一水平面上，防止倾斜，才能读数；否则，易产生偏大的观测误差。

图 2-3　围尺及测径示意

2.3.3 测高器

测高器是基于相似三角形原理或三角函数原理设计而成，用于测定树木高度的工具。测高器种类较多，常用的测高器包括布鲁莱斯测高器、超声波测高器、激光测高测距仪、PM-5 测高仪、拉杆测高器等。

2.3.3.1 布鲁莱斯测高器

在布鲁莱斯测高器的指针盘上（图 2-4），分别有几种不同水平距离的高度刻度。使用时，先要测出测点至树木水平距离，且要等于整数 10 m、15 m、20 m、30 m，测高时，按动仪器背面启动按钮，让指针自由摆动，用瞄准器对准树梢后，稍停 2~3 s 待指针停止摆动呈铅锤状态后，按下制动钮，固定指针，在刻度盘上读出对应于所选水平距离的树高值，再加上测者眼高即为树木全高。

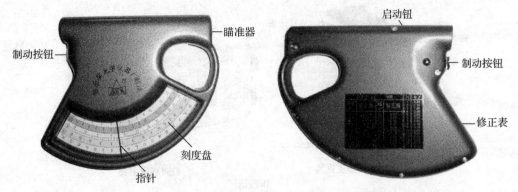

图 2-4　布鲁莱斯测高器

使用布鲁莱斯测高器，其测高误差在±5%的范围内。图 2-5 为在坡地上测高示意图。为了获取比较准确的树高值，使用布鲁莱斯测高器一般应注意：

（1）选择的水平距尽量接近树高，在这种条件下测高误差比较小。

（2）当树高太小（小于 5 m）时，不宜用布鲁莱斯测高器测高，可采用长杆或测杆直接测高。

（3）对于阔叶树应注意确定主干梢头的位置，不要误将树冠倒侧当作树梢，以免测高值偏高或偏低。

（4）测高时一定要两次读数之和（差）。

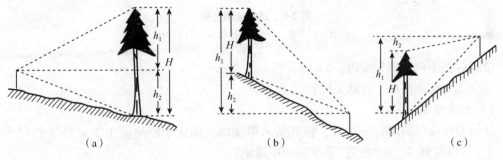

图 2-5　在坡地上测高

2.3.3.2　超声波测高器

超声波测高器可用来测量物体的高度和测量距离、角度、坡度和空气温度（图 2-6）。超声波测高器是通过超声波信号发送与接收来获得准确的距离，高度是由距离和角度的三角函数关系计算得到的。

（1）设备的启动和关闭

①开机前，在测高器和信号接收器上各装一枚 5 号电池。

②红色 ON 按钮为测高器的启动键。

③将测高器距离信号接收器 1~2 cm 处，按下红色 ON 按钮，信号接收器将自动开启。

（2）测高器关机的 3 种方法

①60 s 没有按键操作，设备自动关闭。

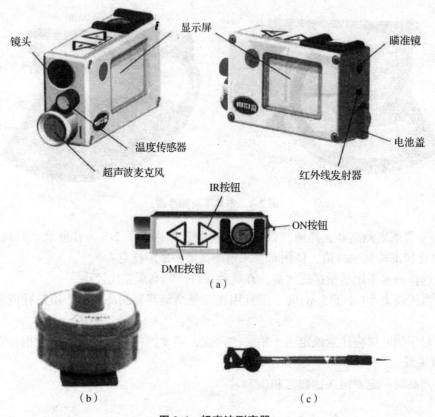

图 2-6 超声波测高器

(a)测高器主机 (b)信号接收器 (c)标杆

②同时按下两个箭头按钮，2 s 内关机。

③完成 6 次测高后，自动关机。

（3）测量步骤

①信号接收器侧面有一小刀，将其切入树皮内，固定于距地面 1.3 m 高度的树干上（此高度可以在测高器的"设置"菜单选项中设定）。

②开启信号接收器。

③手持测高器，选择一个观测点，能够看到树梢顶及信号接收器，将测高器的红色 ON 按钮一直保持按下的状态，将测高器的瞄准镜中红点对准信号接收器，直到瞄准镜中的红点消失为止，松开红色 ON 按纽，将在测高器的显示屏上显示出观测点到信号接收器的距离、角度和水平距离。

④再将瞄准镜中红点对准树梢点顶点，这时红十字线闪烁，按下红色 ON 按钮直到红十字线消失为止，松开红色 ON 按钮，此时，在测高器显示屏上可显示树的高度(假定接收器固定高度 1.3 m)；再对准树梢顶，重复此步骤，可连续测得 6 个树干上不同部位的高度。

（4）使用仪器注意事项

①不要触摸设备前方的温度感应器。

②在打开仪器要预热一段时间，保证仪器温度与周围环境温度一致，否则测量精度会

下降。

③手握测高器，将其显示屏与地面垂直。

2.3.3.3　激光测高测距仪

激光测高器型号较多（图 2-7），不仅具有测距、测高、测角的功能，而且具有携带方便、操作简单、测量速度快等特点。在林地使用时，由于激光光束经常会受到遮挡，观测精度较低，降低了实用性。

图 2-7　VL400 激光测高测距仪

近年来，具有多用途的综合性测树仪器的研制取得了较大的进展，其共同特点是一机多能，使用方便，能测定树高、立木任意部位直径、水平距离、坡度和林分每公顷胸高断面积等多项调查因子，在林业生产和科研教学工作中发挥了作用。我国常见并使用的有林分速测镜、DQW-2 型望远测树仪、快特能 RD1000 激光电子测试仪等。

（1）林分速测镜

林分速测镜是综合性的袖珍光学测树仪，仪器外壳用轻金属制成，以相似形原理和三角函数作为测量原理，构造如图 2-8 所示。林分速测镜能够测定水平距离、树高、立木上部直径等因子。

林分速测镜的关键构件为鼓轮及贴在鼓轮上的刻度纸。刻度纸上有宽窄不同和黑白相间的带条标尺，全部测量用的标尺都刻划在这个鼓轮表面，它们通过透镜及反射镜而投入到观测者的眼睛。现将鼓轮上的标尺展成平面如图 2-8（b）所示。

P 标尺：用于观测坡度，以度为单位。

H 标尺：用于观测树高，以 m 为单位，最小读数为 0.25 m。

S 标尺：用于观测水平距离，以 m 为单位。

1 标尺及黑白条带：用于观测立木上部直径，以 cm 为单位。

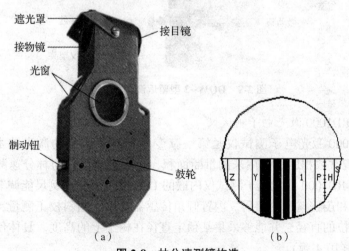

图 2-8　林分速测镜构造

（a）构造　（b）鼓轮上的标尺

标尺 H 和 P 上的零刻度恰好浮在鼓轮最高点上，由于鼓轮能随着仰角或俯角而自如转动，使各种标尺具有坡度自动改平的优点。

使用时，用一只手握住仪器下部，食指按下制动钮，使鼓轮自由转动，用一只眼睛紧贴接目镜观看，这时鼓轮上标尺均在圆形视域中出现，且被准线分为上下两半。测量时所用标尺像带宽及刻度数字均以准线上出现的为准。有时按下制动钮，鼓轮摆动很大，可连续制动两三次，待鼓轮静止时，在准线上读取数据。

（2）望远测树仪

该仪器是在林分速测镜的基础上改进而成的，是长春第四光学仪器厂于 1981 年仿制的产品。它与国外先进的"雷拉远距离测树仪"的原理、性能、精度及使用方法基本相同。它有望远系统、显微读数系统、鼓轮及标尺、制动钮、壳体等部分组成。原理是用显微投影的标尺、测量经望远镜放大后的目标，并成像在一个焦平面上，以相似形原理和三角函数作为测量原理。

DQW-2 型望远测树仪（图 2-9）能够测定树干上部直径、树高、水平距离、坡度等因子，使用时将仪器固定在三脚架上，按下制动按钮，待鼓轮静止后，通过目镜可以看到圆形视场，被准线分为上下两个部分，上半部分是观测目标，下半部分是用于观测各种因子的标尺。用准线对准目标，读取标尺在准线上的刻度，通过换算可以获得相关测定因子。

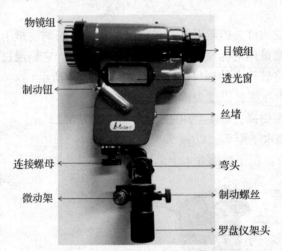

物镜组
目镜组
透光窗
制动钮
丝堵
连接螺母
弯头
微动架
制动螺丝
罗盘仪架头

图 2-9　DQW-2 型望远测树仪构造

（3）快特能 RD1000 激光电子测试仪

快特能 RD1000 激光电子测试仪是第一款专用于林业研究的激光技术测树仪（图 2-10）。其内置角规常数程序，可用来测量断面积、直径和树高。与林分速测镜和望远测树仪不同，快特能 RD1000 激光电子测试仪内嵌的 LED 测量直线比例尺能调节亮度，从而避免了恶劣的地形和茂密树丛的阻碍。内置倾角传感器，用于倾斜校正测量，能够准确地采集到树干任何部位的直径，并能够采集某预定直径在树干上的高度。具体使用方法及操作过程见《测树学》（第 4 版）。

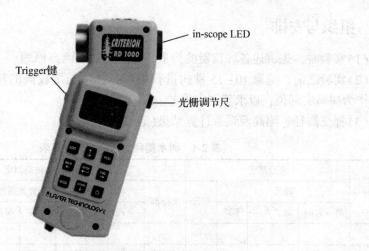

in-scope LED

Trigger键

光栅调节尺

图 2-10　快特能 RD1000 激光电子测试仪

2.3.6　郁闭度测定仪

在林分中设计测量郁闭度的样点数及位置。观测者站立在样点位置，手持平衡球外侧弧形托架，使观测窗基本与眼等高，依靠平衡球及其下部重量使观测管垂直。待系统稳定后，眼睛观察反光镜中遮盖树冠的小圆孔数量，小圆孔区域一半以上被树冠遮盖计 1，否则计 0。共有 5 个小圆孔，熟练后可一次读出被树冠遮盖的小圆孔数量并进行记录。被遮盖小圆孔数量除以样点数乘以 5 即可得到郁闭度。

观测时手要保持稳定，观测窗基本与眼等高。观测管垂直并稳定后进行读数。观测管尽量加长且 5 个小圆孔靠近中心，使其更接近于垂直投影效果。

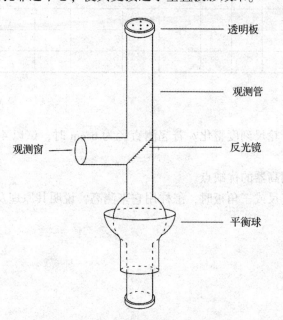

透明板

观测管

观测窗

反光镜

平衡球

图 2-11　自制郁闭度测定仪

2.4 组织与安排

（1）实验时，先讲述各种仪器的构造，使用方法及测高原理。

（2）实验之前，选取 10~15 株树进行编号，并用精度较高的仪器（如经纬仪等）测树高，作为树高实际值，以求算测定误差。

（3）提交测径、测高及误差计算结果（表 2-1）。

表 2-1　树木胸径、树高测定计算表

树木编号	胸径测定				树高测定						
	轮尺			围尺	实际高	林分速测镜		布鲁莱斯测高器		DQW-2 型望远测树仪	
	第一方向	第二方向	平均			全高	误差(%)	全高	误差(%)	全高	误差(%)

2.5 思考题

（1）为什么要进行轮尺刻度整化？若起测直径为 6 cm 时，试以 4 cm 为一径阶说明整化刻度法。

（2）试比较各种测高器的优缺点。

（3）当你只有一直尺或三角板时，怎样用它来测高？说明其原理及方法。

第3章 立木材积测定

生长着的树木称为立木(活立木),立木材积是指根颈(伐根)以上树干的体积,记为 V。在立木状态下,通常是基于立木材积三要素(胸高形数、胸高断面积、树高)计算材积。一般是测定胸径或胸径和树高等变量,采用经验公式法计算材积,只有在特殊情况下才增加测定一个或几个上部直径精确求算材积。

3.1 目的

(1)掌握胸高形数、正形数及实验形数计算方法。
(2)掌握近似求积法和望高法测定立木材积。
(3)了解形点法测定立木材积。

3.2 仪器及用具

胸径尺、测高器、望远测树仪、林分速测镜、三脚架、卷尺、记录表、计算器、记录夹等。

3.3 方法与步骤

3.3.1 形数

树干材积与比较圆柱体体积之比称为形数,该圆柱体的断面为树干上某一固定位置的断面,高度为全树高(图 3-1),其形数的数学表达式为:

$$f_x = \frac{V}{V'} = \frac{V}{g_x h} \tag{3-1}$$

式中 V——树干材积;

   V'——比较圆柱体体积;

   g_x——干高 X 处的横断面积;

   f_x——以干高 X 处断面为基础的形数;

   h——全树高。

形数主要有以下几种:

(1)胸高形数

胸高形数是以胸高断面为比较圆柱体的横断面的形数为胸高形数,以 $f_{1.3}$ 表示,其表达式为:

$$f_{1.3} = \frac{V}{g_{1.3} h} = \frac{V}{\frac{\pi}{4} d_{1.3}^2 h} \tag{3-2}$$

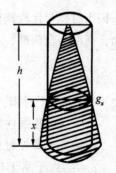

图 3-1 树干与比较圆柱体

从该式可知，当胸高或树高一定时，饱满树干的材积与比较圆柱体的体积相差较小，其形数值较大；反之，尖削树干的材积较小，形数值亦小。形数仅说明相当于比较圆柱体体积的成数，不能具体反映树干的形状。

（2）正形数

斯马林首创提出正形数（标准形数、真形数、相对形数），借以克服胸高形数随树高而变化的缺点，正形数的定义为以树干材积与树干某一相对高（如 0.1 h）处的比较圆柱体的体积之比，记为 f_n，即

$$f_n = \frac{V}{g_n h} \qquad (3\text{-}3)$$

式中　f_n——树干在相对高 nh 处的正形数；

　　　g_n——树干在相对高 nh 处的横断面积；

　　　n——小于 1 的正数，以 nh 表示这一相对位置。

正形数只与 r 有关，而与树高无关。这就克服了胸高胸高形数以树高而变化的缺点。由于正形数只与 r 有关，能较好地反映不同的干形。例如，当 r = 1、2 及 3 和 n = 0.1 时，其正形数分别为 0.556、0.412 及 0.343，为常数。但正形数要求量测立木相对高处的直径，实践上有困难，所以生产中没有应用。然而它对于干形的研究具有一定价值。

（3）实验形数

林昌庚在 1961 年提出将实验形数作为一种干形指标。实验形数的比较圆柱体的横断面为胸高断面，其高度为树高（h）加 3 m，记为 f_{∂}。按照形数一般定义其表达式为：

$$f_{\partial} = \frac{V}{g_{1.3}(h+3)} \qquad (3\text{-}4)$$

式中　f_{∂}——实验形数；

　　　V——树干材积；

　　　$g_{1.3}$——干高 1.3 m 处的横断面积；

　　　h——全树高。

实验形数是为了汲取胸高形数的量测方便和正形数不受树高影响这两方面的优点而设计的，实验形数是一个能够较好地反映乔木树种的平均干形指标。

3.3.2　近似求积法

树干材积与比较圆柱体体积之比称为形数，该圆柱体的断面为树干上某一固定位置的断面，高度为全树高，其形数的数学表达式为：

$$f_x = \frac{V}{V'} = \frac{V}{g_x h} \qquad (3\text{-}5)$$

式中　V——树干材积；

　　　V'——比较圆柱体体积；

　　　g_x——干高 X 处的横断面积；

　　　f_x——以干高 X 处断面为基础的形数；

　　　h——全树高。

（1）胸高形数法

利用胸高形数（$f_{1.3}$）估测立木材积时，除测定立木胸径和树高外，一般还要测定树干中央直径（$d_{\frac{1}{2}}$），计算出胸高形率（q_2），并利用胸高形数（$f_{1.3}$）与胸高形率（q_2）的关系，计算出相应的胸高形数（$f_{1.3}$），然后利用式（3-6）计算出立木树干材积值。

$$V = f_{1.3}g_{1.3}h \tag{3-6}$$

（2）平均实验形数法

采用平均实验形数法测算立木材积时，测得立木胸径和树高后，根据我国主要乔木树种平均实验形数表（表 3-1）确定其平均实验形数值，按式（3-7）求算出立木的树干材积。

$$V = g_{1.3}(h + 3)f_{\partial} \tag{3-7}$$

表 3-1　主要乔木树种平均实验形数表

干形级	树种	平均实验形数	适用树种
I		0.45	云南松；冷杉及一般强耐阴针叶树种
II		0.43	实生杉木；云杉及一般耐阴针叶树种
III	针叶树	0.42	杉木（不分起源）红松、华山松、黄山松及一般中性针叶树种
IV		0.41	插条杉木、天山云杉、柳杉、兴安岭落叶松、新疆落叶松、樟子松、赤松、黑松、油松及一般喜光针叶树种
V	阔叶树	0.40	杨、桦、柳、椴、水曲柳、蒙古栎、栎、青冈、刺槐、榆、樟、桉及其他一般阔叶树种，海南、云南等地混交阔叶林
VI	针叶树	0.39	马尾松及一般强喜光针叶树种

（3）实验正形数法

杨华（2005）采用近景摄影测量技术在立木材积测定中的应用研究中，根据孟宪宇（1978）提出的利用标准直径测定立木材积原理，即

$$V = \frac{\pi}{40\,000}d_{标}^2 h \tag{3-8}$$

式中　V——立木实际材积值；

　　　$d_{标}$——对应于立木实际材积的圆柱体直径；

　　　h——立木树高。

在对大量供试样木干形分析中发现各样木的 $d_{标}/d_{0.1h}$ 近似等于 0.7 的恒比关系（$d_{0.1h}$ 为距树基 $0.1h$ 处树干直径）。根据这一关系，可将式（3-8）变换为：

$$V = \frac{\pi}{40\,000}(0.7)^2 d_{0.1h}^2 h = 0.49g_{0.1h}h \tag{3-9}$$

式中　0.49——正形数；

　　　h——树高；

　　　$d_{0.1h}$——1/10 树高处直径；

　　　$g_{0.1h}$——1/10 树高处断面积。

经大量试验数据表明，大部分树种的正形数的变动范围为 0.47~0.51，利用现代近景影像测量技术或光学测定仪器，可以准确地量测立木树干上任意部位的直径，这为正形数

在立木树干材积估测中的直接应用提供了便利条件。若为提高估测准确度，也可分别树种通过试验建立相应的实验正形数立木树干材积估测式。

3.3.3 望高法

望高法是德国普雷斯勒（M. R. Pressler，1855）提出的单株立木材积测定法。树干上部直径恰好等于 1/2 胸径处的部位称为望点。自地面到望点的高度称为望高（图 3-2），用上部直径测定仪测出胸径和望高（h_R）后，按式（3-10）即可算出树干材积。

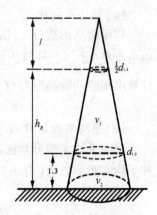

图 3-2 望高法示意

$$V = \frac{2}{3}g_{1.3}\left(h_R + \frac{1.3}{2}\right) \tag{3-10}$$

普雷斯勒以 80 株云杉检查结果，最大正误差为 8.7%，最大负误差为 8.0%，平均误差为 -0.89%，其他人（Kunze、Baur、Judeich、中岛广吉、大隈真一、吉田正男）试验结果，平均误差为 ±4%~5%。

3.3.4 形点法

普雷斯勒在 1855 年提出的望高法是将立木树干上部直径 d 为 $0.5D_{1.3}$ 处的点称为望点。徐祯祥（1990）依据孔兹（M. Kunze，1873）干曲线式和望高法测定立木材积的方法，提出了形点法，将树干分为胸高以上和胸高以下两部分计算立木材积。胸高以上材积（V_1）和胸高以下材积（V_2）计算式分别如式（3-11）和式（3-12）所示，全树干材积为两部分的材积和。

$$V_1 = \frac{h - 1.3}{r + 1}g_{1.3} \tag{3-11}$$

$$V_2 = 1.3g_{1.3} \tag{3-12}$$

式中　h——全树高；

　　　$g_{1.3}$——胸高断面积；

　　　r——干形指数。

3.4 组织与安排

（1）每 3~5 位同学为一组，运用望远测树仪和林分速测镜，测算立木不同高度处直径，每位同学测算 1~2 株立木。

（2）提交利用形数法、望高法测算的立木材积表（表 3-2、表 3-3）。

表 3-2　形数法测定立木材积

树号	胸径	$d_{0.1H}$	树高	$d_{0.5H}$	胸高形率 q_2	形数		树干材积	
						胸高 $f_{1.3}$	实验形数	形数法	实验正形数

表 3-3　望高法测定立木材积

树号	胸径 D(cm)	望高 H_R(m)	树干材积(m^3)

3.5　思考题

（1）分析胸高形数、正形数及实验形数的优缺点？

（2）分析形数法、平均实验形数法、实验正形数法及望高法测算的立木精度是否存在差异？并分析其差异的来源。

第4章　伐倒木材积测定

立木伐倒后打去枝桠所剩余的主干称为伐倒木，其体积为伐倒木材积。伐倒木材积不仅能够用来推算林分蓄积量及生物量，而且在研究物质循环和能量流动、碳循环和气候变化影响与适应中具有重要意义。此外，在一些林业行政案件或刑事案件中，常因盗伐、滥伐造成林木被伐倒、破坏，为使案件有可靠的处罚和量刑依据，伐倒木材积的测定就成为非常必要的工作。这项工作的质量直接影响到案件处理是否客观公正，涉案材积测定要慎之又慎，特殊情况还必须采用非常规材积测定方法。

4.1　目的

(1)掌握伐倒木近似求积式(平均断面积近似求积式、中央断面积近似求积式、牛顿近似求积式)计算方法。

(2)掌握伐倒木区分求积式(中央断面区分求积式、平均断面区分求积式)计算方法。

(3)了解计算伐倒木材积不同方法的特点。

4.2　仪器及用具

油锯、手锯、砍刀、卷尺、胸径尺、米尺、文件夹、计算器、统计表格等或利用已有的伐倒木数据。

4.3　方法与步骤

4.3.1　伐倒木近似求积式

树木材积的一般求积式是由孔兹方程导出，且对于具体树干形状，孔兹方程中的干形指数具有一定的不确定性，必然导致一般求积式的不确定性。这种不确定性使得一般求积式在实际树干求积中受到限制，为此需要导出树干的近似求积公式。

(1)平均断面积近似求积式

平均断面积近似求积式由司马林(H. L. Smalian)于1806年提出，又称司马林公式。一般用于截顶体木段，它是将树干当作截顶抛物线体的条件下，由一般求积式推导而得出，其表达式为：

$$V = \frac{1}{2}(g_0 + g_n)L = \frac{\pi}{4}\left(\frac{d_0^2 + d_n^2}{2}\right)L \qquad (4-1)$$

式中　d_n——树干的小头直径(cm)；

　　　d_0——树干大头直径(cm)；

　　　l——木段长度(m)；

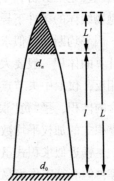

图4-1　平均断面积近似求积式示意

L——树干长度(m);

g_n——树干的小头断面积(m^2),

g_0——树干大头断面积(m^2);

V——树干材积(m^3)。

（2）中央断面积近似求积式

中央断面积近似求积式由胡伯尔(B. Huber)1825年提出的，又称Huber公式。

$$V = g_{\frac{1}{2}}L = \frac{\pi}{4}d_{\frac{1}{2}}^2 L \tag{4-2}$$

式中 $d_{\frac{1}{2}}$，$g_{\frac{1}{2}}$——树干中央直径(cm)及相应断面积(m^2);

L——树干长度(m);

V——树干材积(m^3)。

（3）牛顿近似求积式

牛顿近似求积式由李克(P. V. Reicker)于1849年引入测树学教材，故又称李克式。此式可看作平均断面积公式和中央断面积公式的平均式，其表达式为：

$$V = \frac{1}{3}\left(\frac{g_0 + g_n}{2}L + 2g_{\frac{1}{2}}L\right) = \frac{1}{6}(g_0 + 4g_{\frac{1}{2}} + g_n)L \tag{4-3}$$

式中 $g_{\frac{1}{2}}$——树干中央断面积(m^2);

g_n——树干的小头断面积(m^2);

g_0——树干大头断面积(m^2);

V——树干材积(m^3)。

（4）伐倒木近似求积式精度比较

根据3种近似求积式用于截顶体模锻的精度验证结果，用中央断面近似求积式求出的材积，常出现负误差;用平均断面式求出的材积，常出现正误差。以误差百分率对比看，牛顿近似求积式误差最小，中央断面积近似求积式次之，平均断面积近似求积式误差最大。

从理论上分析，平均断面积近似求积式和中央断面积近似求积式均是在假设树干干形为抛物线体的条件下导出的，故对圆柱体和抛物线体不产生误差。而对于圆锥体和凹曲线体，因平均断面近似求积式取上底和下底两个节点用抛物线拟合树干纵断面形状，故该公式计算的体积一般要大于实际纵断面包含的体积，呈"正"误差。而中央断面积近似求积式正好相反，仅取中央节点拟合树干纵断面形状，故该公式计算的体积一般要小于实际纵断面包含的体积，呈"负"误差。由于牛顿近似求积式是平均断面积近似求积式和中央断面积近似求积式的加权平均数，正负误差相互抵消，因此误差较小，精度较高。

牛顿近似求积式虽然计算精度较高，但测算工作较为繁琐;中央断面近似求积式精度中等，但测算工作简易;平均断面近似求积式计算精度虽低，但它便于测量堆积材，当大头离开干基较远时，求积误差会减小。

4.3.2 伐倒木区分求积式

(1)区分求积概念

当用前述近似求积式来计算树干材积时，是把整个树干或部分树干当作抛物线体来处理，由于干形的多变性，所得的结果并不是很精确的，一般会产生系统偏小或偏大的误差。为了提高木材材积的测算精度，根据树干形状变化的特点，可将树干区分成若干等长或不等长的区分段，使各区分段干形更接近于正几何体，分别用近似求积式测算各分段材积，再把各段材积合计可得全树干材积。该法称为区分求积法。

在树干的区分求积中，梢端不足一个完整区分段的部分视为梢头，用圆锥体公式计算其材积，圆锥体的计算公式为：

$$V = \frac{1}{3}g'l' \tag{4-4}$$

式中　g'——梢头底端断面积(m^2)；

　　　l'——梢头长度(m)。

(2)中央断面区分求积式

将树干按照一定的长度(通常 1 m 或 2 m)分段，观测每个完整区分段的中央直径和最后不足一个完整区分段的梢头底端直径，如图 4-2 所示。

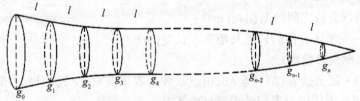

图 4-2　中央断面区分求积法示意

当把树干区分成 n 个分段，利用中央断面近似求积式(4-5)求算各分段的材积时，其总材积为：

$$V = g_1 \cdot l + g_2 \cdot l + g_3 \cdot l + \cdots\cdots + g_n \cdot l + \frac{1}{3}g'l' = l\sum_{i=1}^{n} g_i + \frac{1}{3}g'l' \tag{4-5}$$

式中　g_i——第 i 区分段中央断面积(m^2)；

　　　l——区分段长度(m)；

　　　g'——梢头底端断面积(m^2)；

　　　l'——梢头长度(m)；

　　　n——区分段个数。

设一树干长 11.1 m，按 2 m 区分段求材积，则每段中央位置分别离干基 1 m、3 m、5 m、9 m 处。梢头长度 1.1 m，梢头底断面位置为距干基 10 m 处。各部位直径的量测值见表 4-1。

依中央断面积区分求积式可得此树干材积为：

$V = (0.025\,4 + 0.020\,1 + 0.013\,7 + 0.006\,1 + 0.001\,0) \times 2 + 1/3 \times 0.000\,3 \times 1.1$

$= 0.132\,7(\text{m}^3)$

在实际工作中，也可将树干区分成不等长度的区分段，量测出各区分段的中央直径和

表 4-1　一株树干的区分量测值（树干全长 11.1 m）

距干基长度（m）	直径（cm）	断面积（m²）	备注
1	18.0	0.025 4	
3	16.0	0.020 1	
5	13.2	0.013 7	
7	8.8	0.006 1	
9	3.6	0.001 0	
10(梢底)	2.0	0.000 3	梢长 1.1m

梢头底直径，然后利用式(4-5)计算该树干总材积。

(3)平均断面区分求积式

根据平均断面近似求积式，按上述同样原理和方法，可以推导出平均断面区分求积式为：

$$V = \left[\frac{1}{2}(g_0 + g_n) + \sum_{i=1}^{n-1} g_i\right] l + \frac{1}{3}g_n l' \tag{4-6}$$

式中　g_0——树干底断面积(m^2)；

g_n——梢头木底断面积(m^2)；

g_i——各区分段之间的断面积(m^2)；

l，l'——完整区分段的长度及梢头木长度(m)。

(4)区分求积式的精度

根据 H·Π·阿努钦著《测树学》引用苏联彼得农学院对 17 株白桦、15 株松树和 3 株橡树的试验结果，不同区分求积的误差见表 4-2。

表 4-2　不同区分求积计算树干材积的误差

公　式	总材积误差（%）		
	17 株白桦	15 株松树	3 株橡树
中央断面区分求积式	-0.9	-1.2	1.9
平均断面区分求积式	0.8	0.3	0.2

中央断面区分求积式多为"负"误差，平均断面区分求积式是"正"误差。在同一树干上，某个区分求积式的精度主要取决于分段个数的多少，段数越多，则精度越高。那么究竟多少段合适？以中央断面求积式为例，此式对抛物体不产生误差，而对圆锥体和凹曲线体将会产生较大的误差。但如采用区分求积法，则误差将会随区分段个数的增加而减少。

4.4　组织与安排

(1)基于已收集的伐倒木调查数据，让每位同学分别利用近似求积式和区分求积式计算伐倒木带皮材积和去皮材积。

(2)完成伐倒木材积计算表格(表 4-3、表 4-4)。

表 4-3　伐倒木材积计算

距树干底断面的高度	直径(cm)			近( )年直径生长量	材积(m³)		
	带皮	去皮	( )年前	—	带皮	去皮	( )年前
D_0	42.0	41.2			—	—	—
$D_{1.3}$	33.0	32.6			—	—	—
1	33.5	33.0					
3	30.0	29.2					
5	28.5	27.8					
7	28.0	27.4					
9	25.0	24.4					
11	23.0	22.5					
13	22.5	21.5					
15	20.0	19.4					
17	16.0	15.2					
19	14.0	13.4					
21	12.5	11.5					
23	10.0	9.4					
25	6.0	5.6					
26(梢底)	4.0	3.6					
合计		—					

表 4-4　不同方法材积计算

公式类型	公式名称	计算公式	计算的材积(m³)(不含梢头)		梢头材积(m³)	
			带皮	去皮	带皮	去皮
近似求积式	中央断面求积式	$V = G_{\frac{1}{2}} L$			—	—
	平均断面求积式	$V = \dfrac{G_0 + G'_n}{2} L$			—	—
区分求积式	平均断面区分求积式	$V = \left[\left(\dfrac{G_0 + G_n}{2} \right) + \sum_{i=1}^{n-1} G_i \right] l$				
	中央断面区分求积式	$V = \sum_{i=1}^{n} g_i l$				

4.5　思考题

(1)比较与分析伐倒木近似求积式精度及其影响因素。

(2)比较与分析伐倒木区分求积式精度及其影响因素。

第 5 章　树木生长量测定

一定间隔期内树木各种调查因子所发生的变化称为生长，变化的量称为生长量。生长量是时间(t)的函数，时间的间隔可以是 1 年、5 年、10 年或更长的期间，通常以年为时间的单位。测树学中所研究的生长按研究对象分为树木生长和林分生长两大类；按调查因子分为直径生长、树高生长、断面积生长、形数生长、材积生长和生物量生长等。树木生长量的大小及生长速率，一方面受树木本身遗传因素的影响；另一方面受外界环境条件的影响。在这多种因素的影响下，经过树木内部生理生化的复杂过程，表现在树高、直径、材积及形状等因子的生长变化过程。正确地分析和研究树木与其相关因子的变化规律，对指导森林经营工作具有重要意义。

5.1　目的

(1)了解树木生长率计算方法的种类及计算过程。
(2)掌握用普雷斯勒式计算树木生长率。
(3)掌握施耐德材积生长率计算过程与方法。
(4)掌握立木生长量测定方法。

5.2　仪器及用具

测高器、胸围尺、生长锥、砍刀、计算器、记录夹等。

5.3　方法与步骤

5.3.1　树木生长率

(1)生长率

生长率是树木某调查因子的连年生长量与其总生长量的百分比，它是说明树木相对生长速度的指标，即

$$P(t) = \frac{Z(t)}{y(t)} \times 100\% \qquad (5\text{-}1)$$

式中　$Z(t)$——某调查因子连年生长量；

　　　$y(t)$——树木的总生长方程；

　　　$P(t)$——树木在年龄 t 时的生长率。

显然，当 $y(t)$ 为"S"形曲线时，$P(t)$ 是关于 t 的单调递减函数。由于生长率是说明树木生长过程中某一期间的相对速率，所以可用于对同一树种在不同立地条件下或不同树种在相同立地条件下生长速率的比较及未来生长量的预估等，这比用绝对值的效果要好得多。

（2）生长率计算方法

①复利公式（莱布尼兹式）　假设树木在 n 年间的生长率为常数，则

$$V_{t-n+1} = V_{t-n} + V_{t-n} \times P_V = V_{t-n}(1 + P_V) \tag{5-2}$$

$$V_{t-n+2} = V_{t-n} + V_{t-n+1} \times P_V = V_{t-n}(1 + P_V)^2 \tag{5-3}$$

由此可推出：

$$V_t = V_{t-n}(1 + P_V)^n \tag{5-4}$$

$$P_V = \left[\left(\frac{V_t}{V_{t-n}} \right)^{\frac{1}{n}} - 1 \right] \times 100\% \tag{5-5}$$

②单利公式　假设树木每年调查因子的绝对增量为常数，即

$$V_{t-n+2} = V_{t-n} + V_{t-n+1} \times P_V = V_{t-n}(1 + 2P_V) \tag{5-6}$$

由此可推出：

$$V_t = V_{t-n}(1 + nP_V) \tag{5-7}$$

$$P_V = \left[\left(\frac{V_t}{V_{t-n}} \right)^{\frac{1}{n}} - 1 \right] \times 100\% = \frac{V_t - V_{t-n}}{V_{t-n}} \cdot \frac{100}{n} \tag{5-8}$$

③普雷斯勒生长率公式　普雷斯勒以某一段时间的定期平均生长量代替连年生长量，即

$$Z(t) = \frac{\Delta y}{\Delta t} = \frac{y_t - y_{t-n}}{n} \tag{5-9}$$

以调查初期的量（y_{t-n}）与调查末期的量（y_t）的平均值为原有总量（y_t），则普雷斯勒生长率计算式为：

$$Z(t) = \frac{y_t - y_{t-n}}{y_t + y_{t-n}} \cdot \frac{200}{n} \tag{5-10}$$

森林资源档案小班蓄积量数据的更新，是靠生长率计算实现的。在我国林业工作中，均利用该式计算树木直径、树高及材积等因子的生长率。

5.3.2　施耐德材积生长率公式

施耐德（Schneider，1853）发表的材积生长率公式为：

$$P_V = \frac{K}{nd} \tag{5-11}$$

式中　n——胸高处外侧 1 cm 半径上的年轮数；

d——现在的去皮胸径；

K——生长系数，生长缓慢时为 400，中庸时为 600，旺盛时为 800。

此式外业操作简单，测定精度又与其他方法大致相近，直到今天仍是确定立木生长量的最常用方法。施耐德以现在的胸径及胸径生长量为依据，在林木生长迟缓、中庸和旺盛 3 种情况下，分别取表示树高生长能力的指数 k 等于 0、1 和 2 时，曾经得到式（5-12）。

$$P_V = (k + 2)P_d \tag{5-12}$$

据此，对施耐德公式作如下推导，按生长率的定义，胸径生长率为：

$$P_d = \frac{Z_d}{d} \times 100\% \tag{5-13}$$

在式(5-11)中的 n，是胸高外侧 1 cm 半径上的年轮数，据此一个年轮的宽度为 $1/n$，它等于胸高半径的年生长量。因此，胸径最近一年间的生长量为 $Z_d = \dfrac{2}{n}$，由此可知，$d - \dfrac{2}{n}$ 为一年前的胸径值；$d + \dfrac{2}{n}$ 为一年后的胸径值。若取一年前和一年后两个胸径的平均数作为求算胸径生长率的基础时，则：

$$P_d = \frac{\dfrac{2}{n}}{\dfrac{1}{2}\left[\left(d - \dfrac{2}{n}\right) + \left(d + \dfrac{2}{n}\right)\right]} \times 100 = \frac{200}{nd} \tag{5-14}$$

将式(5-14)代入 $P_v = (k+2)P_d$ 式中，在不同生长情况下的材积生长率公式分别为：

生长迟缓时： $k=0$，$P_V = \dfrac{400}{nd}$

生长中庸时： $k=1$，$P_V = \dfrac{600}{nd}$

生长旺盛时： $k=2$，$P_V = \dfrac{800}{nd}$

若胸径取去皮胸径，以 K 表示生长系数(400、600、800)，则有式(5-11)。这样在应用上比较方便灵活，并根据表5-1查定 K 值。

表5-1　K 值查定表

树冠长度占树高（%）	树高生长					
	停止	迟缓	中庸	良好	优良	旺盛
>50	400	470	530	600	670	730
25~50	400	500	570	630	700	770
<25	400	530	600	670	730	800

5.3.3　树木生长量的测定

5.3.3.1　伐倒木生长量的测定

(1)直径生长量的测定

用生长锥或在树干上砍缺口或截取圆盘等办法，量取 n 个年轮的宽度，其宽度的二倍即为 n 年间的直径生长量，被 n 除得定期平均生长量。用现在去皮直径减去最近 n 年间的直径生长量得 n 年前的去皮直径。

(2)树高生长量的测定

每个断面积的年轮数是代表树高由该断面生长到树顶时所需要的年数。因此，测定最近 n 年间的树高生长量，可在树梢下部寻找年轮数恰好等于 n 的断面，量此断面至树梢的长度即为最近 n 年间的树高定期生长量。用现在的树高减去此定期生长量即得 n 年前的树高。

(3)材积生长量的测定

精确测定伐倒木材积生长量需采用区分求积法。首先按伐倒木区分求积法测出各区分段测点的带皮和去皮直径，用生长锥或砍缺口等方法量出各测点最近 n 年间的直径生长量，并算出 n 年前的去皮直径，根据前述方法测出 n 年前的树高。最后，根据各区分段现在和 n 年前的去皮直径以及现在和 n 年前的树高，用区分求积法可求出现在和 n 年前的去皮材积。按照生长量的定义即可计算各种材积生长量。

5.3.3.2　立木材积生长量的测定

通常是先测定材积生长率，再用式(5-15)计算材积生长量，即

$$Z_V = V \cdot P_V \tag{5-15}$$

用施耐德公式确定立木材积生长率的步骤如下：

①测定树木带皮胸径 D 及胸高处的皮厚 B。

②用生长锥或其他方法确定胸高处外侧 1 cm 半径上的年轮数(n)。

③根据树冠的长度和树高生长状况，用表 5-1 确定生长系数 K。

④计算去皮胸径，$d = D - 2B$。

⑤计算材积生长率。

⑥计算材积生长量。

【例 5-1】一株生长中庸的落叶松，冠长百分数大于 50%，带皮胸径 32.2 cm，胸高处的皮厚 1.3 cm，外侧半径 1 cm 的年轮数有 9 个，材积为 1.094 4 m³，按式(5-11)计算材积生长率及按式(5-15)计算材积生长量。

因为：

$$K = 530$$

$$d = 32.2 - 2 \times 1.3 = 29.6(\text{cm})$$

$$i = \frac{1}{9} = 0.111(\text{cm})$$

则

$$P_V = \frac{530}{9 \times 29.6} = 1.99\%$$

或

$$P_V = \frac{530 \times 0.111}{29.6} = 1.99\%$$

$$Z_V = 1.094\ 4 \times 1.99\% = 0.021\ 8(\text{m}^3)$$

5.4　实验组织安排

每 3~5 位同学为一组，基于固定标准地平均木胸径连续观测数据(表 5-2)，利用单利式、复利式及普雷斯勒式计算树木的胸径生长率。

5.5　思考题

(1)比较分析单利式、复利式及普雷斯勒式计算的生长率是否存在差异？并分析其原因。

(2)如何用施耐德公式计算立木生长量？

表 5-2　标准地平均木连续观测胸径数据

样地号	D_1(mm)	D_2(mm)	D_3(mm)	D_4(mm)	样地号	D_1(mm)	D_2(mm)	D_3(mm)	D_4(mm)
1	61	79	82	112	39	83	96	106	118
2	61	79	97	123	40	84	106	109	122
3	63	95	124	148	41	85	103	118	137
4	63	70	83	92	42	86	106	123	145
5	65	90	106	123	43	86	92	102	120
6	65	78	91	117	44	86	97	121	143
7	67	80	90	103	45	86	99	103	114
8	68	80	89	99	46	87	97	106	116
9	69	91	115	137	47	88	105	120	134
10	69	73	77	86	48	88	97	110	133
11	69	94	111	125	49	89	102	113	132
12	70	90	106	124	50	89	98	110	133
13	71	88	91	106	51	90	101	117	138
14	71	81	97	118	52	90	96	103	116
15	72	92	97	112	53	90	102	117	140
16	72	85	92	100	54	90	109	122	136
17	72	92	115	133	55	92	106	123	134
18	73	88	104	120	56	92	103	112	126
19	73	88	114	138	57	92	108	111	123
20	73	83	91	97	58	93	108	122	132
21	73	87	98	113	59	95	106	146	177
22	75	85	97	116	60	95	114	130	156
23	76	87	105	125	61	95	103	116	126
24	76	97	111	133	62	97	112	127	142
25	76	89	110	135	63	99	111	121	132
26	76	107	112	132	64	99	105	112	121
27	77	96	102	128	65	100	113	115	128
28	77	92	118	138	66	100	118	139	163
29	77	86	92	101	67	100	107	115	124
30	77	87	98	108	68	100	106	111	126
31	78	100	113	142	69	100	119	128	140
32	80	96	112	128	70	101	117	136	155
33	80	86	91	98	71	101	115	133	155
34	80	88	104	130	72	101	113	117	126
35	81	95	100	111	73	101	115	129	146
36	81	103	122	138	74	101	124	140	157
37	81	98	113	127	75	102	121	136	158
38	81	96	105	119	76	103	121	137	159

第6章 标准地设置与调查

　　为掌握森林资源的状况及其变化规律，满足森林资源经营管理工作的需要，应进行林分调查或某些专业性的调查。但在实际工作中，一般不可能也没有必要对全林分进行实测，而往往是在林分中，按照一定方法和要求，进行小面积的局部实测调查，根据其调查结果推算整个林分。这种调查方法既节省人力、物力和时间，同时也能够满足林业生产上的需要。在局部调查中，选定实测调查地块的方法有两种：一种是按照随机的原则设置实测调查地块；另一种是以林分平均状态为依据典型选设实测调查地块。在林分内，按照随机抽样的原则，所设置的实测调查地块，称为抽样样地，简称样地；根据全部样地实测调查的结果，推算林分总体，这种调查方法称为抽样调查法。而在林分内，按照平均状态的要求所确定的能够充分代表林分总体特征平均水平的地块，称为典型样地，简称标准地；通过设置标准地进行实测调查，可获得林分各调查因子的数量和质量指标值，根据标准地调查结果按面积比例推算全林分结果的调查方法称为标准地调查法。这两不同性质的局部实测调查方法，各有其适用的条件和用途。

　　以掌握宏观森林资源现状与动态为目的的国家森林资源连续清查（简称一类调查）主要采用抽样调查法。在营林工作中，为满足森林经营方案编制、总体设计和基地规划的需要，进行森林规划调查（简称二类调查）时，一般也采用抽样调查法。而在森林经营活动中，为科学组织森林经营活动、制定营林技术措施以及研究林分各种因子间的关系，提供可靠的依据，采用标准地实测调查是一种行之有效的林分调查方法，显得更为重要。这种典型选样的调查方法，虽无法表达出调查结果的精度或误差，但是，只要认真地选定标准地进行实测，其调查结果仍是可靠的，完全可以满足营林工作的需要。标准地调查法对于某些专业性调查来说，它又是唯一可采用的调查方法。

6.1　目的

（1）了解标准地种类及用途。
（2）掌握标准地设置基本要求、形状、面积及位置缩略图。
（3）掌握标准地主要调查因子种类及调查方法。

6.2　仪器及用具

　　罗盘仪、卷尺、三脚架、花杆、测绳、GPS、测高器、胸围尺、文件夹、计算器、记录表格、工具包等。

6.3 方法与步骤

6.3.1 标准地设置

6.3.1.1 选择标准地基本要求

（1）标准地必须对所预定的要求有充分的代表性。

（2）标准地必须设置在同一林分内，不能跨越林分。

（3）标准地不能跨越小河、道路或伐开的调查线，且应离开林缘（至少应距林缘为1倍林分平均高的距离）。

（4）标准地设在混交林中时，其树种、林木密度分布应均匀。

6.3.1.2 标准地形状和面积

标准地的形状一般为正方形、矩形、圆形，有时因地形变化也可为多边形。

标准地面积应依据调查目的，林分状况如林龄及林分密度等因素而定。我国原林业部（1986）《林业专业调查主要技术规定》中规定：标准地面积，天然林，一般在寒温带、温带林区采用500~1 000 m²；亚热带、热带林区采用1 000~5 000 m²。此外，也可用林木株数控制标准地面积，一般采用主林层林木株数200株左右。人工林和幼龄林标准地面积可以酌情减小。

在实际调查工作中，为了确定标准地的面积应该有多大，可预先选定400 m²的小样方，查数林木株数，据以推算应设置的标准地的面积。

【例6-1】根据林分状况，要求设置的标准地林木株数不少于250株，选定400 m²的小样方查数林木株数为13株，则标准地的最小面积应为：

$$S = \frac{250}{13} \times 400 = 7\ 692.3(\text{m}^2)$$

6.3.1.3 标准地境界测量

为了确保标准地的位置和面积，需要进行标准地的境界测量。传统的方法通常是用罗盘仪测角，皮尺或测绳量水平距（l）。当林地坡度（θ）大于5°时，根据三角函数原理应将测量的斜距按实际坡度改算为水平距离（L，$L = l/\cos\theta$）。在进行标准地境界测量时，规定测线周界的闭合差不得超过1/200。

现代测量技术发展很快，在标准地的境界测量中，目前可以采用的现代测定手段也有很多，例如，可以应用全站仪进行精确的境界确定，求算标准地面积，可以使用GPS进行精确的定位等。在实践中应视具体条件选用不同的方法，确保标准地的面积准确。

为使标准地在调查作业时保持有明显的边界，应将测线上的灌木和杂草清除。测量四边周界时，边界外缘的树木在面向标准地一面的树干上要标出明显标记，以保持周界清晰。根据需要，标准地的四角应埋设临时简易或长期固定的标桩，便于辨认和寻找。

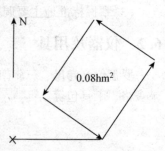

图6-1 标准地略图

6.3.1.4 标准地的位置及略图

标准地设置好以后，应标记标准地的地点、GPS定位坐标及在林分中相对的位置，并将标准地设置的大小、形状在标准地调查表。上按比例绘制略图，如图 6-1 所示。

6.3.2 立地因子调查

6.3.2.1 地貌类型划分

地貌划分为山地、丘陵和平原，其中山地根据海拔高度的不同，又划分为极高山、高山、中山、低山，具体划分标准见表 6-1 所列。

表 6-1 地貌类型划分标准

地貌类型		划分标准
山地	极高山	海拔为 ≥5 000 m 的山地
	高山	海拔为 3 500~4 999 m 的山地
	中山	海拔为 1 000~3 499 m 的山地
	低山	海拔为 <1 000 m 的山地
丘陵		没有明显的山脉脉络，坡度较缓和，且相对高差小于 100 m
平原		平台开阔，起伏很小

6.3.2.2 坡向、坡度、坡位

在山地环境因子中，坡向、坡度、坡位都是需要进一步调查的主要因子。坡向即为坡面的朝向，对应地形坡度小于 5° 的坡面定义为无坡向地段。坡位即标准地所处坡面的位置，分为脊部、上坡位、中坡位、下坡位、山谷和平地。坡度按坡面倾斜角划分为 5 级，具体坡向、坡位、坡度的划分标准见表 6-2 至表 6-4 所列，其中坡向和坡度可以借助罗盘仪进行测量。

表 6-2 坡向划分标准

坡向	方位	坡向	方位	坡向	方位
北坡	338°~22°	东南坡	113°~157°	西坡	248°~292°
东北坡	23°~67°	南坡	158°~202°	西北坡	293°~337°
东坡	68°~112°	西南坡	203°~247°	无坡向	坡度小于 5° 的地段

表 6-3 坡位划分标准

坡位	划分标准
脊部	山脉的分水岭及其两侧各下降垂直高度 15 m 的范围
上坡位	从脊部以下至山谷范围内的山坡三等分后的最上等分部位
中坡位	从脊部以下至山谷范围内的山坡三等分后的中部
下坡位	从脊部以下至山谷范围内的山坡三等分后的最下等分部位
山谷(或山洼)	汇水线两侧的谷地

表 6-4　坡度划分标准

坡度级	划分标准	坡度级	划分标准
Ⅰ级（平坡）	坡面倾斜角<5°	Ⅳ级（陡坡）	坡面倾斜角 25°~34°
Ⅱ级（缓坡）	坡面倾斜角 5°~14°	Ⅴ级（急坡）	坡面倾斜角 35°~44°
Ⅲ级（斜坡）	坡面倾斜角 15°~24°	Ⅵ级（险坡）	坡面倾斜角≥45°

6.3.2.3　土壤调查

在标准地内通过土壤剖面调查土壤名称、土层厚度以及土壤表面的枯枝落叶厚度和腐殖质厚度等。土壤名称根据中国土壤分类系统记载到土类，如棕壤、黑钙土、栗钙土等，土壤厚度以及土壤表面的枯枝落叶厚度和腐殖质厚度见表 6-5 至表 6-7 所列。

表 6-5　土壤厚度等级

等级	土层厚度（cm）	
	亚热带山地丘陵、热带	亚热带高山、暖温带、温带、寒温带
厚	≥80	≥60
中	40~79	30~59
薄	<40	<30

表 6-6　枯枝落叶厚度　　　　　　　表 6-7　腐殖质厚度

等级	枯枝落叶厚度（cm）	等级	腐殖质厚度（cm）
厚	≥10	厚	≥20
中	5~9	中	10~19
薄	<5	薄	<10

6.3.2.4　自然度调查

我国境内分布的森林，处于原始状态的已经十分少见，由于受到人们不断的开发利用等干扰，形成了许多过伐林、次生林和人工林类型。这些森林类型，不同程度地保留着或已经失去地带性顶极群落的特征，处于演替过程中的某一阶段，这些森林类型发挥的各种效益差异很大，需要采取的经营措施不同。因此，调查时按照现实森林类型与地带性原始顶极森林群落类型的差异程度，或次生森林类型位于演替中的阶段，将现存森林划分为不同的自然度等级，以便于制定合理的经营措施，促进森林群落向地带性顶极群落发展。将自然度划分为 5 级，具体划分标准见表 6-8 所列。

表 6-8　自然度划分标准

自然度	划分标准
Ⅰ	原始或受人为影响很小而处于基本原始状态的森林类型
Ⅱ	有明显人为干扰的天然森林类型或处于演替后期的次生森林类型，以地带性顶极适应值较高的树种为主，顶极树种明显可见
Ⅲ	人为干扰很大的次生森林类型，处于次生演替的后期阶段，除先锋树种外，可见顶极树种出现
Ⅳ	人为干扰很大，演替逆行，处于极为残次的次生林阶段
Ⅴ	人为干扰强度极大且持续，地带性森林类型几乎破坏殆尽，处于难以恢复的逆行演替后期，包括各种人工林类型

6.3.2.5　灾害等级及健康评价

森林健康对森林环境质量有中要的影响，因此，在标准地调查中，应对林分的灾害情况（火灾、病虫害、气候灾害等）进行调查，评定其灾害等级（表6-9）；根据树冠脱叶、树叶颜色、树木的生长发育、外观表象特征及灾害情况综合评定森林健康状况（表6-10）。

表 6-9　灾害等级评定标准

| 等级 | 评定标准 | | |
	森林病虫害	森林火灾	气候灾害和其他
无	受害立木株数10%以下	未成灾	未成灾
轻	受害立木株数10%~29%	受害立木株数20%以下，仍能恢复生长	受害立木株数20%以下
中	受害立木株数30%~59%	受害立木株数20%~49%，生长受到明显抑制	受害立木株数20%~59%
重	受害立木株数60%以上	受害立木株数50%以上，以濒死木和死亡木为主	受害立木株数60%以上

表 6-10　健康等级评定标准

健康等级	评定标准
健康	林分生长、分枝发育良好。树叶大小、色泽正常；无干扰
亚健康	林分生长较好。叶部偶见枯黄、褪色或非落叶季落叶（发生率小于10%）
中健康	叶部可见枯黄、褪色或非落叶季落叶（发生率在10%~30%之间）
不健康	林分生长不健康。叶部多见枯黄、褪色或非落叶季落叶（发生率大于30%）

6.3.3　标准地调查

6.3.3.1　林分起源

根据林分起源，林分可分为天然林和人工林。由天然下种、人工促进天然更新或萌生所形成的森林称为天然林；以人为的方法供给苗木、种子或营养器官进行造林并育成的森林称为人工林。人工林包括由人工直播（条播或穴播）、植苗、分殖或扦插条等造林方式形成的森林，也包括人工林采伐后萌生形成的森林。

6.3.3.2　林层

林分中乔木树种的树冠所形成的树冠层次称为林相或林层。明显地只有一个林层的林分称为单层林；具有两个或两个以上明显林层的林分称为复层林。同龄的或由喜光树种构成的纯林、立地条件很差的林分多为单层林。单层林的外貌比较整齐，培育的木材较为均匀一致。异龄混交林、耐阴树种组成的林分，尤其是经过择伐以后，易形成复层林。土壤气候条件优越的地方常形成多层的复层林，如热带雨林的林层可达4~5层。复层林可充分利用生长空间和光、热、水、养分条件，防护作用和抵抗力都较强。而单层林对雪压、雪折等对自然灾害的抵抗力较小，对光照和生长空间的利用不够充分，其防护作用也较复层林为弱。

《森林资源规划设计调查主要技术规定》（2003）中规定划分林层的标准是：

（1）各林层每公顷蓄积量大于 30 m^3；

(2)相邻林层间林木平均高相差 20%以上；

(3)各林层平均胸径在 8 cm 以上；

(4)主林层郁闭度大于 0.3，其他林层郁闭度大于 0.2。

这些标准是人为确定的划分林层的一般标准，同时满足这 4 个条件就可划分林层。在复层林中，蓄积量最大、经济价值最高的林层称为主林层，其余为次林层。林层序号以罗马数字Ⅰ、Ⅱ、Ⅲ、…等表示，最上层为第Ⅰ层，其余依次为第Ⅱ层、第Ⅲ层、…。

6.3.3.3 树种组成

树种组成是组成林分的树种成分(各树种蓄积量所占总蓄积量的比重)。纯林由一个树种组成的的林分，或混有其他树种但蓄积量都分别占不到 10%的林分。混交林是由两个或更多个树种组成的林分，其中每种树木在林分内所占成数均不少于 10%的林分。在混交林中，常以树种组成系数表达各树种在林分中所占的数量比例。树种组成系数是某树种的蓄积量(或断面积)占林分总蓄积量(或总断面积)的比重。树种组成系数通常用十分法表示，即各树种组成系数之和等于"10"。由树种名称及相应的组成系数写成组成式，就可以将林分的树种组成明确表达出来。

树种组成系数记录方法：①一般采用四舍五入法；②如果某一树种的蓄积量不足林分总蓄积量的 5%；但大于 2%时，则在组成式中用"+"号表示；③若某一树种的蓄积量少于林分总蓄积量的 2%时，则在组成式中用"-"号表示。

另外，在混交林中，蓄积量比重最大的树种称为优势树种。在一个地区既定的立地条件下，最适合经营目的的树种称为"主要树种"或"目的树种"。主要树种有时与优势树种一致，有时不一致。当林分中主要树种与优势树种不一致时，若两者蓄积量相等，则应在组成式中把主要树种写在前面。此外，树种结构能够反映乔木林分的针阔叶树组成，树种结构可分为 7 个等级(表 6-11)。

表 6-11　树种结构划分标准

结构类型	划分标准
类型 1	针叶纯林(单个针叶树种蓄积量≥90%)
类型 2	阔叶纯林(单个阔叶树种蓄积量≥90%)
类型 3	针叶相对纯林(单个针叶树种蓄积量 65%~90%)
类型 4	阔叶相对纯林(单个阔叶树种蓄积量 65%~90%)
类型 5	针叶混交林(针叶树种总蓄积量≥65%)
类型 6	针阔混交林(针叶树种或阔叶树种总蓄积量占 35%~65%)
类型 7	阔叶混交林(阔叶树种总蓄积量≥65%)

6.3.3.4 年龄

树木年轮的形成是由于树木形成层受外界季节变化产生周期性生长的结果。在温带和寒温带，大多数树木的形成层在生长季节(春、夏季)向内侧分化的次生本质部细胞，具有生长迅速、细胞大而壁薄、颜色浅等特点，即早材(春材)，它的宽度占整个年轮宽度的主要部分。而在秋、冬季，形成层的增生现象逐渐缓慢或趋于停止，使在生长层外侧部分的细胞小、壁厚而分布密集，木质颜色比内侧显著加深，即晚材(秋材)。晚材与下一年生长的早材之间有明显的界限，这就是通常用来划分年轮的界限。所以年轮是树干横断面上由早(春)材和晚(秋)材形成的同心"环带"。在一年中只有一个生长盛期的温带和寒温带，其根颈处的树木年轮数就是树木的年龄。

一般情况下，一年中树木年轮是由早(春)、晚(秋)材的完整环带构成。但在某些年份，由于受外界环境条件的制约，使年轮环带产生不完整的现象，这就称为年轮变异。在年轮分析过程中，常遇到伪年轮、多层轮、断轮以及年轮消失、年轮界线模糊不清等变异现象。为此，在年轮测定时要认真观察识别多方位量测。并可借助圆盘着色、显微镜观测等手段识别年轮变异现象。

(1)树木年龄测定

①年轮法　在正常情况下，树木每年形成一个年轮，直接查数树木根茎位置的年轮数即为树木年龄。如果查数年轮的断面高于根茎位置，则必须将数得的年轮数加上树木生长到次断面所需的年数才是树木的总年龄。树干任何高度横断面上的年轮数只表示该高度以上的年龄。

在查数年轮时，要由髓心向外，分别东、西、南、北 4 个方向分别计数，当年龄识别困难时，可采用以下几种方法：在树干上锯下一圆盘，用电刨将圆盘表面刨平；在圆盘表面用水浸湿后，用放大镜观测；可以用化学染色剂(如茜红或靛蓝等)，利用春、秋材着色浓度不同以使年轮容易辨认；进行药物处理，如在浓硫酸内浸泡 5~10 min 或在铬溶液中浸泡 1~1.5 h，利用春材、秋材的不同受腐程度使年轮线明显。

目前，许多国家采用年轮分析系统(WinDENDRO)，利用计算机自动查数树木各方向的年轮数和年轮宽度。WinDENDRO 是利用高质量的图形扫描系统，将刨平的圆盘扫描成高分辨率的彩色图像和黑白图像，通过 WinDENDRO 年轮分析软件由计算机自动测定树木年龄。如有必要，也可利用交叉定年的方法来检查读数中是否存在伪年轮、断轮或年轮消失的现象

②生长锥测定法　当不能伐倒树木或没有伐桩查效年轮时，可以用生长锥查定树木年龄。生长锥是测定树木年龄和直径生长量的专用工具。生长锥由锥管、探针和锥柄三部分组成(图 6-2)。生长锥的使用方法：

a. 先将锥筒装置于锥柄上的方孔内，用右手握柄的中间，用左手扶住锥筒以防摇晃；

b. 垂直于树干将锥筒先端压入树皮，而后用力按顺时针方向旋转，待钻过髓心为止；

(a)　　　　　　　　　　　(b)

图 6-2　生长锥(a)及钻取的木芯(b)

c. 将探取杆插入筒中稍许逆转再取出木条，木条上的年龄数，即为钻点以上树木的年龄；

d. 加上由根颈长至钻点高度所需的年数，即为树木的年龄。

③查数轮生枝法　有些针叶树种，如松树、云杉、冷杉等，一般每年在树的顶端生长一轮侧枝称为轮生枝。这些树种可以直接查数轮生枝的环数及轮生枝脱落（或修枝）后留下的痕迹来确定年龄。由于树木的竞争，老龄树干下部侧枝脱落（或树皮脱落），甚至节子完全闭合，其轮枝及轮枝痕不明显，这种情况可用对比附近相同树种小树轮生枝位置近似确定。用查数轮生枝的方法确定幼小树木（人工林小于 30 年，天然林小于 50 年）的年龄十分精确，对老树则精度较差。但树木受环境因素或其他原因，有时出现一年形成二层轮枝的二次高生长现象。因此，使用此方法要特别注意。

④经营档案法或访问的方法　这种方法对确定人工林的年龄是最可靠的方法。从经营档案中获取树木年龄，准确可靠，特别是集约经营的林分，但该方法仅适用于有记录的树木，目前使用范围较窄。随着人工造林面积的逐步增大，该方法的使用率也会逐渐增加。

⑤生长量法　对于年轮不是很清晰的热带、亚热带树种可以尝试从生长量推算树木年龄。具体做法是：分别树种逐年测定某调查区域全部树木的胸径，建立生长速率与胸径的关系模型，则某年胸径与生长速率的比值即为该树木生长到此直径的年龄。

这中方法是某树种平均年龄的计算方法。为了能更加准确的得到个体树木年龄，需要考虑不同发育阶段的生长速率、树种耐阴性、树种组成、被压情况及作业方式等信息。

⑥针测仪法　针测仪是通过探针钻入树木的阻抗记录，来测定树木内部的腐烂或空洞、材质、年轮等信息的一种仪器，从获取树木年龄的角度它是生长锥的升级版，由人为查数年轮改为软件分析。

树木针测仪由探刺针、管、外围设施（电池、数据存储交换、打印输出）组成（图6-3）。使用时将探刺针垂直接触树干，用肩部抵住仪器，然后按住开关匀速向树干中部用力，直到探刺针穿透树干，如果树木较大探刺针插到髓心即可。

图6-3　树木针测仪

针测仪法获取树木年龄的误差，与野外探测时用力均匀与否、工作人员的经验等因素有关，目前针测仪的年龄测定精度还很难超过生长锥法，但由于其探刺针直径较小，因此，对树木的破坏程度较生长锥较小。

⑦^{14}C 测定法　^{14}C 是碳的同位素，它在自然界含量很少且半衰期很长，通过测定 ^{14}C 与不具放射性的 ^{12}C 含量比例，然后按 ^{14}C 的放射性衰变公式进行计算，校订之后便可推算出待测树木的年龄，这是 ^{14}C 测年的基本原理。操作上首先用专业仪器在待估年龄树木上取样，之后需要进行矫正才能得到年龄，这需要专门的机构且误差较大，因此，实际上很少使用，仅偶见于古树年龄的测定。

⑧CT 扫描法　通过 CT 扫描法获取树木年龄，由于使用射线对树木的生长有一定影响，而且设备昂贵、测定成本较高，实际上应用较少。

（2）林分年龄测定

林分是由许多树木构成的，林分年龄必然与组成林分的树木的年龄有关，因此，根据组成林分的树木的年龄，可将林分划分为同龄林和异龄林。同龄林是指林木的年龄相差不超过一个龄级期限的林分。按照这个划分标准，一般人工营造的林分为同龄林，另外，在火烧迹地或小面积皆伐迹地上更新起来的林分有可能成为同龄林。对于同龄林，还可以进一步划分为绝对同龄林和相对同龄林。林木年龄完全相同的林分称为绝对同龄林，绝对同龄林多见于人工林；林木年龄相差不足一个龄级的林分称为相对同龄林。异龄林是指林木年龄相差在一个龄级以上的林分。在异龄林中，将由所有龄级的林木所构成的林分称为全龄林，全龄林的林木年龄分布范围中一定有幼龄林木、中龄林木、成熟龄林木及过熟龄林木。一般耐阴树种构成的天然林，尤其是择伐后长起的林分，通常为异龄林，多数天然林分，一般为异龄林。与同龄林相比，异龄林的防护作用和对风、雪等自然灾害以及病虫害的抵抗能力强，但是经营管理技术比较复杂。

林分年龄确定方法：

①对于绝对同龄林分，林分中任何一株林木的年龄就是该林分年龄。

②对于相对同龄林或异龄林，通常以林木的平均年龄表示林分年龄。可采用算术平均年龄[式（6-1）]和加权平均年龄[式（6-2）]，在查定年龄的树木株数较少时，往往采用算术平均年龄；当在查定年龄的树木株数较多时，采用断面积加权的方法计算平均年龄。

$$\bar{A} = \frac{\sum_{i=1}^{n} A_i}{n} \tag{6-1}$$

$$\bar{A} = \frac{\sum_{i=1}^{n} G_i A_i}{\sum_{i=1}^{n} G_i} \tag{6-2}$$

式中　$\bar{A}$——林分平均年龄；

n——查定年龄的林木株数；

A_i——第 i 株树木的年龄；

G_i——第 i 株树木的胸高断面积。

③混交异龄林，以主要树种或目的树种的年龄为主。

④对于复层混交林，通常按林层分别树种记载年龄，而以各层优势树种的年龄作为林层的年龄。

6.3.3.5　平均树高

林木的高度是反映林木生长状况的数量指标，同时也是反映林分立地质量高低的重要依据。平均高则是反映林木高度平均水平的测度指标，根据不同的目的，通常把平均高分为林分平均高和优势木平均高。平均高以米为单位，记载到小数点后一位。

（1）林分平均高

①条件平均高　树木的高生长与胸径生长之间存在着密切的关系，一般的规律为：随着胸径的增大，树高增加，两者之间的关系常用树高与胸径的关系曲线来表示。这种反映

树高随胸径变化的曲线称为树高曲线。在树高曲线上，与林分平均直径相时应的树高，称为林分的条件平均高，简称平均高，以 H_D 表示。另外，从树高曲线上根据各径阶中值查得的相应的树高值，称为径阶平均高。

在林分调查中为了估算林分平均高，可在林分中选测 3~5 株与林分平均直径相近的平均木的树高，以其算术平均数作为林分平均高。

②加权平均高　依林分各径阶林木的算术平均高与其对应径阶林木胸高断面积计算的加权平均数作为林分树高，称为加权平均高，以 $\bar{A}$ 表示，这种计算方法一般适用于较精确地计算林分平均高。其计算公式为：

$$\bar{A} = \frac{\sum\limits_{i=1}^{k} \bar{A}_i G_i}{\sum\limits_{i=1}^{k} G_i} \tag{6-3}$$

式中　$\bar{A}_i$——林分中第 i 径阶林木的算术平均高；

G_i——林分中第 i 径阶林木的胸高断面积之和；

k——林分中径阶个数。

对于复层混交林分，林分平均高应分别林层、树种计算。

(2) 优势木平均高

林分平均高反映的是林分中树木高度的总体平均水平，除了林分平均高以外，林分调查中还经常表示林分中"优势木或亚优势木"的平均树高。林分的优势木平均高定义为林分中所有优势木或亚优势木高度的算术平均数，常以 H_T 表示。调查时可以在林分中选择 3~5 株最高或胸径最大的立木测定其树高取算术平均值。

优势木平均高调查方法：

①在林分中，测定所有上层木的树高的算术平均值作为优势木平均高。

②在林分中，测定 20 株以上的优势木(含亚优势木)，以其树高的算术平均值作为林分优势木平均高。

③在标准地中，按每 100~200m² 的林地上测一株最高树木的树高，其平均值作为优势木平均高。

④测定 3~6 株均匀分布在标准地或样地内的优势木树高，以其算术平均值作为优势木平均高。

6.3.3.6　平均胸径

林分平均胸径是林分平均断面积所对应的直径，用 D_g 表示。林分平均胸径是反映林木粗度的基本指标，其计算方法为：

$$D_g = \sqrt{\frac{4}{\pi} \bar{g}} = \sqrt{\frac{4}{\pi} \frac{1}{N} G} = \sqrt{\frac{4}{\pi} \frac{1}{N} \sum_{i=1}^{N} g_i} = \sqrt{\frac{4}{\pi} \frac{1}{N} \sum_{i=1}^{N} \frac{\pi}{4} d_i^2} = \sqrt{\frac{1}{N} \sum_{i=1}^{N} d_i^2} \tag{6-4}$$

式中　$\bar{g}$——林分平均断面积；

N——林分内林木总株数；

G——林分总断面积；

g_i, d_i——第 i 株林木的断面积和胸径。

从以上计算过程可以看出，林分平均胸径 D_g 是林木胸径平方的平均数，而不是林木胸径的算术平均数。

6.3.3.7　树冠测定

树冠的测定主要包括冠幅和冠长的测定。

（1）冠幅的测定

冠幅是指树冠两个相对方向最长枝条之间的水平距离。一般采取用皮尺量取树冠 2 个方向（东西、南北）的宽度，取其平均值的方法。

（2）冠长和冠长率的测算

冠长是指从树冠最下层活枝至树冠顶部的距离。可以用测高器直接测定，也可以先测出枝下高，再用全树高减去枝下高，即为冠长。

冠长率是指树冠长度占树高的百分数。

（3）枝条属性

①方位角　将全圆的"0"刻度线与树干上标注的北向对齐，按照已经标注的枝条的顺序测量每一轮中所有枝条的方位角（范围为 0~360°）；

②着枝角度　用半圆测量连接枝条基部与梢头的直线与树干之间的夹角大小；

③枝条基径　用电子游标卡尺测量所有枝条的基径，在每次观测之前要将游标卡尺归零，防止由于仪器操作的原因而导致较大的观测误差；

④枝长　在枝条伸展开的状态下测量的枝条的总长度即为枝长；

⑤弦长　用钢尺测定枝条基部与枝条顶端的直线距离即为弦长；

⑥弓高　在枝条处于自然状态下，测量枝条与连接枝条基径位置与梢头位置的直线的最大距离；

⑦着枝深度　枝条基部距离树梢的距离，相对着枝深度为着枝深度与冠长的比值。

6.3.3.8　林分密度

林分密度是指单位面积林地上林木的数量。林分密度可以说明林木对其占有空间的利用程度，它是影响林分生长（直径生长、树高生长、材积生长）以及木材数量、质量和林分稳定性的重要因子。森林经营管理最基本的任务之一，就是在了解密度作用规律的基础上，在森林整个生长发育过程中，通过人为的干预措施，使林木处在最佳的密度条件下生长，以使林木个体健壮，生长稳定，干形良好，充分发挥森林的生态效益、经济效益和社会效益。当前，用来反映林分密度的指标很多，我国现行常用的林分密度指标有株数密度、疏密度和郁闭度。

（1）株数密度

单位面积上的林木株数称为株数密度（简称密度），其单位为株/hm^2。它是林学中最常用的密度指标，造林、营林、林分调查及编制林分生长过程表或收获表都采用这一密度指标。由于林分株数密度的测定方法简单易行，所以在实践中被广泛采用。株数密度这个指标，也直接反映了每株林木平均占有的林地面积和营养空间的大小。应该指出，株数密度与林龄、立地等因子的相关很紧密，这一点是其作为密度指标的不足之处。

（2）疏密度

林分每公顷胸高断面积（或蓄积量）与相同立地条件下标准林分每公顷胸高断面积（或

蓄积量)之比,称为疏密度,以 P 表示,其计算式为:

$$P = \frac{\sum G_现}{\sum G_标} = \frac{\sum M_现}{\sum M_标} \tag{6-5}$$

式中　$G_现$,$M_现$——现实林分的每公顷断面积(m^2)和蓄积量(m^3);

　　　$G_标$,$M_标$——标准林分的每公顷断面积(m^2)和蓄积量(m^3)。

疏密度这个指标可以说明单位面积上立木蓄积量的多少,以十分小数表示,由 0.1 到 1.0 共分 10 级。它是森林调查和森林经营中最常用的林分密度指标。

在疏密度的定义中所提到的标准林分,可以理解为某一树种在一定年龄、一定立地条件下最完善和最大限度地利用了所占有的空间的林分。标准林分在单位面积上具有最大的胸高断面积(或蓄积量),这样的林分疏密度定为"1.0"。以这样的林分为标准,衡量现实林分,所以现实林分的疏密度一般小于 1.0。列示标准林分每公顷胸高总断面积和蓄积量依林分平均高而变化的数表,称为标准表。

疏密度的确定方法如下:

a. 调查确定林分的平均高;

b. 根据林分优势树种选用标准表,并由表上查出对应调查林分平均高的每公顷胸高断面积(或蓄积量);

c. 计算林分的疏密度。

【例 6-2】某杉木(实生)林分,林分平均高 $H_D = 15m$,每公顷断面积为 28.8 m^2,根据林分平均高由表 6-12 上查出标准林分相应的每公顷断面积为 56.4 m^2,则该林分疏密度为:

$$P = \frac{28.8}{56.4} = 0.51 \approx 0.5$$

表 6-12　实生杉木断面积、蓄积量标准表

林分平均高 (m)	断面积 (m^2)	蓄积量 (m^3)	林分平均高 (m)	断面积 (m^2)	蓄积量 (m^3)
5	16.4	53	13	50.9	363
6	20.9	79	14	53.8	409
7	25.3	109	15	56.4	455
8	29.6	142	16	58.7	501
9	34	179	17	60.6	545
10	38.4	221	18	62.3	589
11	43.4	269	19	63.9	634
12	47.4	316			

(3)郁闭度

林分中树冠投影面积与林地面积之比,称为郁闭度,以 P_C 表示。一般郁闭度以小数表示,记载到小数点后两位。它可以反映林木利用生长空间的程度。现地测定郁闭度有多种方法,以下简单介绍几种测定郁闭度的方法。

①树冠投影法　在标准地内划分 5 m 或 10 m 的方格，量测每株立木在方格中的位置，用皮尺和罗盘测定每株树冠东西、南北方向的投影长度，再按实际形状在方格纸上按一定比例勾绘出树冠投影图，如图 6-4 所示，在图上求出林冠投影面积和标准地总面积，计算郁闭度 P_C：

$$P_C = \frac{S_C}{S_T} = \left(1 - \frac{S_0}{S_T}\right) \tag{6-6}$$

式中　S_C——林冠投影面积；

　　　S_0——林冠空隙面积；

　　　S_T——标准地总面积。

树冠投影法测定林分郁闭度既费工又困难，但是所得结果较准确。

②测线法（对角线截距抽样法）　在林内选一有代表性地段，设置一定长度的测线，言线观察各株树木的树冠投影，并量取投影长度，各树冠在测线上的投影长度总和与测线长度之比，即为郁闭度的值。

③统计法　在林分调查中，机械设置 N 个样点，在各样点位置上，判断该样点是否被树冠垂直投影覆盖，统计被覆盖的样点数 n，利用下式计算出林分郁闭度：

$$P_C = \frac{n}{N} \tag{6-7}$$

④树冠郁闭度测定仪测定郁闭度　在科研工作中，有时使用专门测定林分郁闭度的测定仪，直接测定出林分郁闭度。

6.4　组织与安排

(1)每 4~6 位同学为一组，对主要林分因子进行调查与测算并进行记录。

(2)以小组为单位提交外业调查和内业计算的全部结果(表 6-13、表 6-14)。

6.5　思考题

(1)林分调查因子有哪些？如何调查、测定及计算这些林分调查因子？

(2)为什么说林分平均胸径是林木胸径的平方平均数？

(3)标准地调查法的主要工作步骤及调查内容是什么？

表 6-13 标准地调查表

林业局 _____ 林场 _____
林 班 _____ 小班 _____

标准地详细位置(GPS定位):

东经:

北纬:

标准地略图:[在图上注明各边之方位角及边长(m),指北方向]

标准地面积: _____ hm²

树种	起源	平均年龄	平均直径	平均树高	优势木高	地位指数	树种组成	郁闭度	蓄积量		材种出材量	材积生长
									活立木	枯立木		

环境因子调查记录

项 目	分 级	实测值
土壤名称		
土壤厚度(cm)	<30, 30~50, 50~80, >80	
A层厚度(cm)	<15, 15~25, >25	
石砾含量(%)(>0.5m)	<25, 25~50, >50	
坡 度	<5°, 5°~15°, 16°~25°, >25°	
坡 向	阴、阳、半阴、半阳	
坡 位	脊、上、中、下、平	
地 形	山坡、山脊、平地、谷底	
海 拔		
其 他		
郁闭度测定	对角线总长或对角线上树冠幅总长	

表 6-14 每木检尺调查表

林分类型： 样地编号： 林场： 林班： 小班： 调查时间： 记录人：

样木编号	树种	起源	坐标 x	坐标 y	胸径 (cm)	树高 (m)	第一活高 (m)	冠长 (m)	冠幅 (南/m)	冠幅 (北/m)	冠幅 (东/m)	冠幅 (西/m)	平均冠幅 (m)

第 7 章 树高曲线

胸径和树高作为立木特征的基本属性，在样地实际调查中，立木胸径数据需要全部进行观测，而对立木树高数据观测相对较少，通常运用树高—胸径关系模型来预估未观测的立木树高，从而大大降低数据的获取成本。在许多生长和产量模型系统中都以树高和胸径作为基本的输入变量，其中部分或全部树高值是由胸径通过预测模型而获得的预测值。

树高和胸径作为林分垂直结构的主要表征，其关系不仅可以用来预测样地立木的树高、地位指数及林分生产力，还可以用来描述林分空间结构特征、生长动态及演替变化规律等。此外，树高和胸径还对预测林分材积、生物量、森林动态变化规律及树木生长理论分析具有重要的作用。在森林资源清查工作中胸径和树高是两个最基本观测变量，随着科技的发展，使用超声波或激光脉冲等设备来测量树高虽然可以降低观测时间，但是要观测样地所有立木树高仍要比观测胸径花费时间要多。在实地调查中可以观测样地中部分立木树高，利用树高—胸径的数学函数模型来准确预测样地内未观测立木树高，从而可以大大降低调查获取立木数据的成本。

7.1 目的

(1)熟悉资料的整理方法。
(2)掌握随手曲线的绘制技术和曲线调整方法。
(3)学会采用数式法利用计算机绘制树高曲线。

7.2 仪器及用具

标准地调查数据、计算机、方格纸及绘图工具。

7.3 方法与步骤

林木的高度是反映林木生长状况的数量指标，同时也是反映林分立地质量高低的重要依据。平均高则是反映林木高度平均水平的测度指标，根据不同的目的，通常把平均高分为林分平均高和优势木平均高。树木的高生长与胸径生长之间存在着密切的关系，一般的规律为：随胸径的增大，树高增加，两者之间的关系常用树高与胸径关系曲线来表示。这种反映树高随胸径变化的曲线称为树高曲线。树高曲线是林分调查中常用的曲线，在树高曲线上，与林分平均直径 D_g 相应的树高，称为林分的条件平均高，简称平均高。另外，从树高曲线上根据各径阶中值查得的相应的树高值，称为径阶平均高。

一般来说，在林分中林木胸径越大，林木也越高，即林木高与胸径之间存在着正相关关系。为了全面反映林分树高的结构规律及树高随胸径的变化规律，可将林木株数按树高、胸径两个因子分组归纳列成树高与胸径相关表，由此可以分析出树高有以下变化规律：树高随直径的增大而增大；在每个径阶范围内，林木株数按树高的分布也近似于正态，即同一径阶内最大和最小高度的株数少，而中等高度的株数最多；树高具有一定的变化幅度，在同一径阶内最大与最小树高之差可达 6~8 m，而整个林分的树高变动幅度会更大些，树高变动系数的大小与树种和年龄有关，一般随年龄的增大其树高变动系数减小；从林分总体上看，株数最多的树高接近于该林分的平均高 H_D。

7.3.1 资料的整理

(1) 建立数据库

将标准地调查所测定的林木胸径和树高建立计算机数据库，每株树作为一条记录，用来建立树高曲线的基础数据（表 7-1）。

表 7-1 樟子松人工林调查数据

序号	胸径(cm)	树高(m)	序号	胸径(cm)	树高(m)	序号	胸径(cm)	树高(m)	序号	胸径(cm)	树高(m)
1	11.9	6.90	21	12.5	10.40	41	18.2	10.00	61	15.5	10.95
2	8.6	6.75	22	11.0	10.25	42	14.8	9.65	62	13.2	10.90
3	7.5	6.00	23	9.4	9.70	43	12.5	9.15	63	10.1	9.90
4	5.3	4.50	24	6.6	8.95	44	10.5	8.70	64	14.0	10.80
5	4.2	5.30	25	20.9	10.80	45	8.1	8.80	65	27.4	18.90
6	21.2	18.50	26	17.2	10.90	46	11.6	9.40	66	22.5	17.33
7	28.1	18.80	27	15.0	9.50	47	12.0	8.90	67	20.6	16.70
8	24.7	18.90	28	12.6	9.20	48	17.5	10.00	68	18.6	17.73
9	21.3	17.80	29	8.8	7.80	49	16.3	10.35	69	15.6	14.80
10	19.9	18.60	30	26.8	18.50	50	13.9	9.55	70	33.6	20.00
11	15.7	17.10	31	24.6	18.30	51	11.5	9.90	71	31.6	18.60
12	8.6	8.00	32	22.0	16.90	52	8.0	9.10	72	29.4	18.45
13	13.3	9.30	33	18.8	17.50	53	12.2	9.65	73	26.7	16.43
14	11.1	8.50	34	13.5	15.50	54	10.5	8.40	74	25.4	15.10
15	10.3	9.00	35	14.3	15.10	55	20.9	14.90	75	27.5	19.00
16	8.5	7.65	36	20.7	16.50	56	10.5	10.20	76	25.2	18.35
17	6.5	7.40	37	17.2	14.90	57	10.3	8.95	77	24.2	19.00
18	10.5	10.00	38	15.2	13.60	58	10.9	8.60	78	22.8	19.15
19	9.7	8.95	39	13.2	14.10	59	20.0	11.30	79	19.9	18.15
20	15.7	10.75	40	10.7	14.20	60	18.2	11.65	80	20.1	11.60

(2) 异常数据的剔除

基础数据是总体中的一组样本，如有个别过大或过小的异常数据混杂进去，会影响拟合曲线的精度。为此，必须剔除异常数据以提高曲线的质量。异常数据的剔除过程分两步进行：首先，用计算机绘制各自变量和因变量的散点图，通过肉眼观察确定出明显远离样点群的数据并删除，这类数据是属于因调查、记录、计算等错误而引起的异常值；其次，是根据具体问题，用基础数据拟合候选基础模型（如选择 Richards 方程作为基础模型），并绘制模型预估值的标准残差图。在标准残差图中，将超出±2 倍标准差以外的数据作为极端观测值予以剔除，当样本数据较少时，可按超出±3 倍标准差以外的数据作为极端观测值予以剔除。

7.3.2　图解法

在标准地内，随机选取一部分林木测定树高和胸径的实际值，一般每个径阶内应量测 3~5 株林木，平均直径所在的径阶内测高的株数要多些，其余递减，测定树高的林木株数不能少于 25~30 株，并把量测的结果记入测高记录表中，分别径阶利用算术平均法计算出各径阶的平均胸径、平均高及株数见表 7-2 所列。

表 7-2　各径阶测高记录表

径阶	平均直径	各株树木直径(cm)/(m)树高实测值	株数	平均树高
4				
6				
8				
10				
12				
14				
16				
18				
20				
22				
24				
26				
28				
30				
32				
34				

在方格纸上以横坐标表示胸径 D、纵坐标表示树高 H，选定合适的坐标比例，将各径阶平均胸径和平均高点绘在方格纸上，并注记各点代表的林木株数。根据散点分布趋势随手绘制一条均匀圆滑的曲线，即为树高曲线。要用径阶平均胸径对应的树高值与曲线值和株数进行曲线的调整。利用调整后的曲线，依据林分平均直径 D_g 由树高曲线上查出相应的树高，即为林分条件平均高。同理，可由树高曲线确定各径阶的平均高。

树高曲线实质是一条均值水平上的曲线，但同一份资料每人随手绘出的曲线常常会不相同，必须通过检查、调整，保证曲线反映平均值。通常采用计算平均离差的方法进行调整，平均离差的计算方法为：

$$\Delta = \sum_{i=1}^{k} f_i (H_{Oi} - H_{Ti}) \tag{7-1}$$

$$\overline{\Delta} = \frac{\Delta}{\sum_{i=1}^{k} f_i}$$ (7-2)

式中　　Δ——离差代数和；

　　　　f_i——第 i 径阶的林木株数；

　　　　H_{Oi}——第 i 径阶林木平均高的实际值；

　　　　H_{Ti}——第 i 径阶林木平均高的曲线值；

　　　　k——径阶个数；

　　　　$\overline{\Delta}$——平均离差。

根据离差的"+"或"−"调整曲线的高低，直到调整后的曲线满足平均离差等于"0"或接近"0"，曲线可以使用。

采用图解法绘制树高曲线，方法简便易行，但绘制技术和实践经验要求较高，必须保证树高曲线的绘制质量。

7.3.3　数式法

7.3.3.1　备选模型的确定

林分各径阶的算术平均高随径阶呈现出一定的变化规律。若以纵坐标表示树高、横坐标表示径阶，将各径阶的平均高和直径点绘在坐标图上，并依据散点的分布趋势绘制一条匀滑的曲线，它能明显地反映出树高随直径的变化规律，这条曲线称为树高曲线。反映树高随直径而变化的数学方程称作树高曲线方程或树高曲线经验公式。

确定备选模型的方法有两种：根据专业理论知识（从理论上推导或根据以往的经验）和前人研究结果来确定；不能确定的情况下，通过观测自变量和因变量之间散点图，并结合专业知识确定模型的大体类型。只有一个自变量时，根据散点图并结合专业知识较容易确定曲线类型和模型。但是，对于多个自变量的问题，由于变量之间的相互影响很难确定候选模型。分析者可以根据以往类似问题的研究结果，并通过分析各个自变量和因变量的散点图来确定。

迄今为止国内外已经提出了不同树种的上百种树高曲线模型，常用的表达树高依直径变化的方程见表7-3所列。在实际工作过程中，可以依据林分调查资料，绘制树高曲线的散点图，根据散点分布趋势选择几个树高曲线方程进行拟合，从中挑选拟合度最优者作为该林分的树高曲线方程。

7.3.3.2　参数的估计及统计推断

在测树学中许多模型，如树高曲线、削度方程、树木生长方程及收获预估模型等，均属于典型的非线性回归预测模型，模型待估参数均需采用非线性最小二乘法进行估计。许多高级统计分析软件包如：SAS（Statiscal Analysis System）、MATLAB、R、SPSS、统计之林等，均提供了这些非线性回归模型的参数估计方法。任何一种参数估计方法，均需要给定回归模型参数初始值。因此，在非线性回归模型参数估计时，初始值的选择非常重要。如果初始值选择不当，就可能收敛很慢，或者收敛到局部极小值，甚至不收敛。初始值选择得当，一般收敛很快，如果存在多个极小点，则能收敛到全局极小点而不是局部极小点。

表7-3 树高曲线方程

序号	方程名称	树高曲线方程
1	双曲线	$H = a - \dfrac{b}{D+c}$
2	柯列尔	$H = 1.3 + aD^b \mathrm{e}^{-cD}$
3	Goulding（1986）	$H = 1.3 + \left(a + \dfrac{b}{D}\right)^{-2.5}$
4	Schumacher(1939)	$H = 1.3 + a\mathrm{e}^{-\frac{b}{D}}$
5	Wykoff 等人(1982)	$H = 1.3 + a\mathrm{e}^{\frac{b}{(D+1)}}$
6	Ratkowsky（1990）	$H = 1.3 + a\mathrm{e}^{-\frac{b}{(D+c)}}$
7	Hossfeld（1822）	$H = 1.3 + \dfrac{a}{(1 + bD^{-c})}$
8	Bates and Watts(1980)	$H = 1.3 + \dfrac{aD}{(b+D)}$
9	Loetsh 等人（1973）	$H = 1.3 + \dfrac{D^2}{(a+bD)^2}$
10	Curtis（1967）	$H = 1.3 + \dfrac{a}{(1 + D^{-1})^b}$
11	Curtis（1967）	$H = 1.3 + \dfrac{D^2}{(a + bD + cD^2)}$
12	Levakovic（1935）	$H = 1.3 + \dfrac{a}{(1 + bD^{-d})^c}$
13	Yoshida（1928）	$H = 1.3 + \dfrac{a}{(1 + bD^{-c})} + d$
14	Ratkowsky and Reedy（1986）	$H = 1.3 + \dfrac{a}{(1 + bD^{-c})}$
15	Korf（1939）	$H = 1.3 + a\mathrm{e}^{-bD^{-c}}$
16	修正 Weibull(Yang，1978)	$H = 1.3 + a(1 - \mathrm{e}^{-bD^c})$
17	Logistic（1838）	$H = 1.3 + \dfrac{a}{1 + b\mathrm{e}^{-cD}}$
18	Mitscherlich(1919)	$H = 1.3 + a(1 - b\mathrm{e}^{-cD})$
19	Gompertz(1825)	$H = 1.3 + a\mathrm{e}^{-b\mathrm{e}^{-cD}}$
20	Richards(1959)	$H = 1.3 + a(1 - \mathrm{e}^{-cD})^b$
21	Sloboda（1971）	$H = 1.3 + a\mathrm{e}^{-b\mathrm{e}^{-cD^d}}$
22	Sibbesen(1981)	$H = 1.3 + aD^{bD^{-c}}$

虽然有些算法(Marquardt Modification)对初始值不太敏感，但是良好的初始值仍不能被忽略。初始值较差会导致模型不能收敛或参数估计值错误，为了防止出现局部收敛最小值，我们可以设置不同初始值确定模型是否收敛。在许多经验模型或常用统计模型中，可以通过研究经验或已有的相关文献研究来确定模型参数初始值。在许多情况下，模型参数初始值可以从数据集中确定。下面通过案例来确定模型参数初始值的方法。

（1）Logistic 模型

$$Y = \frac{\alpha}{1 + \beta e^{-\gamma x}}$$

①令 $\alpha_0 = Y_{max}$（样本数据观测值中 Y 的最大值）；

②变换模型：$\dfrac{\alpha_0}{Y} - 1 = \beta e^{-\gamma x}$；

③等号两边取对数：$\ln\left(\dfrac{\alpha_0}{Y} - 1\right) = \ln\beta - \gamma x$；

④使用最小二乘法将模型转化为线性模型：

$$Y^* = \ln\left(\frac{\alpha_0}{Y} - 1\right) = \ln\beta - e^{-\gamma x} = b_0 + b_1 x;$$

⑤模型初始值即为：$\alpha_0 = Y^*$，$\beta_0 = e^{b_0}$，$\gamma_0 = -b_1$。

（2）Gompertz 模型

$$Y = \alpha e^{-\beta e^{-\gamma x}}$$

①令 $\alpha_0 = Y_{max}$（样本数据观测值中 Y 的最大值）；

②变换模型：$\dfrac{\alpha_0}{Y} = e^{-\beta e^{-\gamma x}}$；

③等号两边取对数：$\ln\left(\dfrac{\alpha_0}{Y}\right) = -\beta e^{-\gamma x}$；

④等号两边再取对数：$\ln\left[-\ln\left(\dfrac{\alpha_0}{Y}\right)\right] = \ln\beta - \gamma x$；

⑤使用最小二乘法将模型转化为线性模型：

$$Y^* = \ln\left[-\ln\left(\frac{\alpha_0}{Y}\right)\right] = \ln\beta - \gamma x = b_0 + b_1 x;$$

⑥模型初始值即为：$\alpha_0 = Y^*$，$\beta_0 = e^{b_0}$，$\gamma_0 = -b_1$。

（3）Richards 模型

$$Y = \alpha(1 - e^{-\beta x})^{\gamma}$$

①令 $\alpha_0 = Y_{max}$（样本数据观测值中 Y 的最大值），$\gamma_0 = 1$；

②变换模型：$1 - \dfrac{Y}{\alpha_0} = e^{-\beta x}$；

③等号两边取对数：$\ln\left(1 - \dfrac{Y}{\alpha_0}\right) = -\beta x$；

④$\beta = -\ln\left(1 - \dfrac{Y}{\alpha_0}\right)/x$;

⑤模型初始值即为：$\alpha_0 = Y^*$，$\beta_0 = \beta$，$\gamma_0 = 1$。

（4）Weibull 模型

$$Y = \alpha\left(1 - e^{-\beta x^\gamma}\right)$$

①令 $\alpha_0 = Y_{max}$（样本数据观测值中 Y 的最大值）；

②变换模型：$\dfrac{\alpha_0}{Y} = 1 - e^{-\beta x^\gamma}$；

③等号两边取对数：$\ln\left(1 - \dfrac{Y}{\alpha_0}\right) = -\beta x^\gamma$；

④等号两边再取对数：$\ln\left[-\ln\left(1 - \dfrac{Y}{\alpha_0}\right)\right] = \ln\beta + \gamma \ln x$；

⑤使用最小二乘法将模型转化为线性模型：

$$Y^* = \ln\left[-\ln\left(1 - \dfrac{Y}{\alpha_0}\right)\right] = \ln\beta + \gamma\ln x = b_0 + b_1 x^*$$;

⑥模型初始值即为：$\alpha_0 = Y^*$，$\beta_0 = e^{b_0}$，$\gamma_0 = b_1$。

7.3.3.3 备选模型的比较

根据各候选模型参数检验结果，进一步比较分析各模型拟合统计量，从中选择几个最佳模型作为最终模型的候选模型，并进行残差分析和独立性检验。对于线性和内线性回归模型，可以采用 MSE、R^2、R_a^2、AIC 和 $PRESS$ 等拟合统计量作为比较和评价备选模型的标准。各统计量的表达式和具体比较方法如下：

（1）残差均方 MSE

MSE 统计量广泛地用作选定模型的评价标准，一般选择具有最小 MSE 值的备选回归作为最终模型。然而，当分析者的目的在于估计参数或者是选定一个模型用于外推时，这种方法是最适合的；如果分析者的目的是为了选择一个用于提供可靠估计值的模型（林业上的回归分析多为此目的），MSE 统计量可能应该按以下方法使用：p 值很大时，绘 MSE 对应于 p 个变量的关系图，MSE 值通常围绕着一条水平线上下波动。由备选模型中选择最终模型，应具备以下两点最优配合的原则：一是模型最小，即自变量最少；二是具有合理的最为近于 δ^2 值的 MSE 值。

$$MSE = \frac{SSE}{n - p} \tag{7-3}$$

式中　MSE——残差均方；

　　　SSE——残差平方和；

　　　p——模型参数的个数；

　　　n——样本数。

（2）相关指数 R^2

随着模型中自变量个数的增多，R^2 值会变小，同时，很少以 R^2 最大作为选择最优方程的依据。选择最优模型的依据为：变量越少越好；R^2 值实质上不小于 R_{max}^2（R^2 的最大值）。如果最大模型中所含的变量也存在于其他模型之中，通常可以用 R^2 值对应于 p 值作图。这种典型图反映了在 p 值大的情况下 R^2 值随着 p 值的减小而接近于 R_{max}^2 的上渐近线。然而，有一个点是 R^2 值急骤下降的起点，这个点对应 p 值相应的模型常被定为最终模型。

$$R^2 = 1 - \frac{SSE}{SST} \tag{7-4}$$

式中　R^2——相关指数；

　　　SST——离差平方和；

　　　SSE——残差平方和。

（3）修正的相关指数 R_a^2

这个统计量基本上与 MSE 等价，MSE 更便于解释。因此，作为选择模型的标准，MSE 优于 R_a^2。

$$R_a{}^2 = 1 - (1 - R^2)\left(\frac{n-1}{n-p}\right) = 1 - SSE\left(\frac{n-1}{SST}\right) \tag{7-5}$$

式中　$R_a{}^2$——修正的相关指数；

　　　R^2——相关指数；

　　　SST——离差平方和；

　　　SSE——残差平方和；

　　　p——模型参数的个数；

　　　n——样本数。

（4）预测平方和统计量 $PRESS$

以上介绍的几种基于预测的统计量都有一个共同的缺点，即在计算某点的预测偏差时，该点曾在建立回归模型时已经使用过。$PRESS$ 统计量克服了这一缺点：

$$PRESS = \sum_{i=1}^{n} (y_i - \hat{y}_{ip})^2 \tag{7-6}$$

式中　y_i——第 i 个 Y 的观测值；

　　　$\hat{y}_{ip}$——原始数据中删除第 i 个样本观测值后，按 p 个参数模型拟合回归方程计算出相应的第 i 个观测值 x_i 的因变量 y 的预测值。

$PRESS$ 统计量的计算，要求使用 n 个不同数据，分别拟合 p 个参数的模型之后，对于每一个回归分别求算出相应的 $PRESS$ 统计量。采用 $PRESS$ 统计量选择模型，实际上是最优调和两种有时相矛盾因素的方法。近年来，人们越来越多地采用 $PRESS$ 统计量作为选择模型标准，特别是将预测作为建模的目的时，这个统计量具有直观的吸引力。但是，当数据组过多时，计算工作量过大。

（5）赤池信息准则 AIC

AIC 统计量应用比较广泛，即可用于时间序列分析种的自回归阶数的确定，也可用于回归自变量的选择。

$$AIC = -\frac{n}{2}\ln(SSE) - p \tag{7-7}$$

式中　AIC——赤池信息准则；

　　　SSE——残差平方和；

　　　p——模型参数的个数；

　　　n——样本数。

在各备选回归模型中，这 5 个统计量作为反映拟合程度优劣的指标，分析者将选择当 MSE、$PRESS$ 和 AIC 值小，R^2 和 R_a^2 值大的方程。基于样本中各样木的胸径和树高数据，利用统计软件估计候选非线性回归模型的参数，并计算各树高曲线方程的拟合统计量，选择其中剩余平方和最小 RSS、剩余均方差最小 MSR、剩余标准差最小 SE、相关系数（或调整的相关指数）最大的方程，作为最佳树高曲线模型，并对所确定的方程进行残差分析。

采用数式法拟合树高曲线方程时，因树高变化很大，一般应选试几个回归曲线方程，从中选择拟合效果最佳的一个方程作为树高曲线方程。当树高曲线方程确定后，将林分平均直径代入该方程中，即可求出相应的林分条件平均高。同样，若将各径阶中值代入其方程时，也可求出径阶平均高。

7.4　组织与安排

（1）利用标准地调查数据（见表 7-1），随手绘制的树高曲线。

（2）选择 4~5 个树高曲线模型进行拟合并计算主要统计量。

（3）利用最佳树高曲线图计算各径阶平均高、林分平均高。

7.5　思考题

（1）简述树高曲线的变化规律。

（2）简述树高曲线方程的性质。

第8章 地位指数表编制

立地质量指某一特定立地区域内既定林分类型潜在生产力，在林木生长和收获、经营效果评价及森林生态研究等方面具有重要意义。地位指数是基于特定年龄时林分中优势木或亚优势木平均树高来评价立地潜在生产力主要方法。与其他立地潜在生产力评价方法相比，地位指数不受林分密度及下层抚育等因素的影响，因此构建地位指数预测模型在立地质量评价及生产力预估等研究中具有重要意义。

森林立地质量评价是对林地潜在生产力进行评价，主要是以林地自然属性对林地利用能力或林地利用适宜性的影响大小进行评价。构成林地自然特征的各种因素主要包括气候、地貌、海拔、土壤等，可将这些评价因素分为稳定性因素(气候、地形等)、较稳定因素(土壤质地、水文等)和不稳定因素(pH值、水分、养分含量等)。森林立地质量评价是一个认识林地的过程，选择适宜的评价方法至关重要。立地质量评价方法主要包括地位指数法、生长量法等，其中，最常用的方法是地位指数法。地位指数法在评价森林立地质量的过程中是最有效、最客观的一种方法。在对森林立地进行适宜性评价时，要确定好对某种林分在生产经营上有意义的评价因素或限制因素，然后选择适宜的评价方法对立地质量进行评价，其结果才能满足生产经营的需求。

8.1 目的

(1)了解编制地位指数表编制资料的收集方法。
(2)学习与掌握用数式法直接编制地位指数表编制的方法和步骤。
(3)利用计算机编制某一树种的地位指数表。

8.2 仪器及用具

标准地调查数据、计算机等。

8.3 方法与步骤

地位指数是指依据林分优势木的平均高 H_T 与林分年龄 A 的相关关系，用标准年龄(或基准年龄)时林分优势木平均高的绝对值作为评定林地生产力的指标，所编制的数表称为地位指数表(表8-1)，用此表中的数据所绘制的曲线称作地位指数曲线。地位指数实质上是林分在"标准年龄"时优势木的平均高。采用地位指数指标评定林分地位质量，实际上就是不同的林分都以在标准年龄时的优势木平均高作为比较林地生产力的依据。

地位指数表通常应用于同龄林或相对同龄林分评定地位质量，一般分地区、分树种编制地位指数表。使用地位指数表时，先测定林分优势木平均高和年龄，由地位指数表上即可查得该林分林地的地位指数级。例如，小兴安岭红松天然林地位指数表基准年龄为100 a，某现实红松天然林，林分年龄为 120 a，优势木平均高为 25 m，由表 8-1 和图 8-1 中可查得地位指数为"22"，这意味着该林分在标准年龄（100 a）时优势木平均高达 22 m，表明该红松天然林地的生产力较高。

与地位级法相比，地位指数是一个能够直观反映立地质量的数量指标，而地位级则只能给予相对等级的概念。另外，优势木高受林分密度和树种组成的影响较小，并且优势木平均高的测定工作量比林分条件平均高的测定工作量小，因此，地位指数成为常采用的评定立地质量的方法。

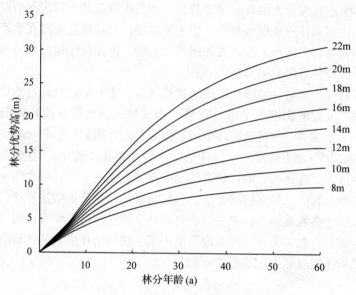

图 8-1　小兴安岭红松天然林地位指数曲线

表 8-1　小兴安岭红松天然林地位指数表（标准年龄 100 年）

年龄（a）	地位指数级						
	12	14	16	18	20	22	24
20	4.58~5.40	~6.23	~7.06	~7.90	~8.73	~9.57	~10.40
40	6.80~8.03	~9.27	~10.50	~11.74	~12.98	~14.22	~15.46
60	8.49~10.02	~11.56	~13.10	~14.65	~16.19	~17.73	~19.28
80	9.85~11.63	~13.42	~15.22	~17.01	~18.80	~20.59	~22.38
100	11.00~12.99	~14.99	~16.99	~18.99	~20.99	~22.99	~24.99
120	11.98~14.15	~16.33	~18.51	~20.69	~22.87	~25.05	~27.23
140	12.84~15.16	~17.50	~19.83	~22.17	~24.50	~26.83	~29.17
160	13.59~16.05	~18.52	~20.99	~23.46	~25.93	~28.40	~30.87
180	14.25~16.83	~19.42	~22.01	~24.60	~27.19	~29.78	~32.37
200	14.84~17.52	~20.22	~22.92	~25.62	~28.31	~31.01	~33.71
220	15.36~18.14	~20.93	~23.72	~26.52	~29.31	~32.10	~34.89
240	15.83~18.69	~21.57	~24.44	~27.32	~30.20	~33.08	~35.95
260	16.24~19.18	~22.14	~25.09	~28.05	~31.00	~33.95	~36.90
280	16.62~19.63	~22.65	~25.67	~28.70	~31.72	~34.73	~37.76
300	16.96~20.03	~23.11	~26.20	~29.28	~32.36	~35.44	~38.52

8.3.1　资料收集

（1）确定标准地数量

根据未来用表地区范围的大小及编表树种的生长状况，确定标准地的数量，一般要求每个树种在 300 块以上为宜。在编表地区内，分不同的树种在不同年龄、不同立地条件（如地形、地势、坡度、坡向、坡位或各种土壤类型）上设置标准地。

（2）标准地选设条件

①标准地设置在同一起源的相对同龄纯林中（编表树种占 70% 以上）。

②在林分郁闭度为 0.4 以上的林分中设置标准地。

③标准地均匀分布在各年龄和各立地类型的林分中。

（3）选测优势木

关于在标准地中确定测高优势木的方法及测高优势木的株数，作法不尽相同，大致有如下几种：

①在林分中测定所有上层木的树高，求其算术平均值作为优势木平均高。

②在每 100 m^2 面积的林地上测一株最高树木的树高，以整个标准地或样地内所选测树木树高平均值作为优势木平均高。

③在林分中测定 20 株以上的优势木（含亚优势木），以其平均值作为优势木平均高。

④测定 3~6 株均匀分布在标准地或样地内的优势木树高，以其平均值作为优势木平均高。

在标准地中选测优势木的方法很多，原则上编表和使用表时选测的方法一致。当前国内外大多采用在林分中按每 100 m^2 选一株最高（或最粗）、树冠饱满（无偏冠现象）且干形良好的树木作为优势木。根据我国试验结果，认为每个标准地内选测 3 株优势木的树高，其算术平均高作为优势高的效果较好。

8.3.2　资料的整理

将标准地调查结果，分树种将各标准地的平均年龄 A 和优势木平均高 H_T 建立计算机数据库作为编制和检验地位指数表的基础数据。先将所收集的全部样木，大致按 4∶1（75% 和 25%）的比例分成两组独立样本：编表样本和检验样本，分别用于编制和检验地位指数表。

编表的数据是总体中的一组样本，如有个别过大或过小的异常数据混杂进去，编表的精度会受到影响。为此，必须剔除异常数据以提高编表的质量。异常数据的剔除过程分两步进行：首先，用计算机绘制平均年龄 A 和优势木平均高 H_T 的散点图，通过肉眼观察确定出明显远离样点群的数据并删除，这类数据是属于因登记、计算等错误而引起的异常值；其次，用编表数据对某一导向曲线拟合，并绘制模型预估值与标准化残差之间的残差图。在残差图中，超出 ±2 倍标准差以外的数据作为极端观测值予以剔除。

8.3.3　导向曲线的拟合

在林分优势高生长曲线簇中，有一条代表在中等立地条件下，林分优势高随林分年龄变化的平均高生长曲线，这条曲线称作导向曲线。该曲线的形状近似呈"S"形，常用树木生长方程来拟合这条曲线，主要候选模型有：

（1）舒马克（Schumacher）方程

$$H = ae^{-b/A} \tag{8-1}$$

（2）单分子（Mitscherlich）式

$$H = a(1 - e^{-bA}) \tag{8-2}$$

（3）逻辑斯蒂（Logistic）方程

$$H = \frac{a}{(1 + ce^{-bA})} \tag{8-3}$$

（4）坎派兹（Gompertz）方程

$$H = ae^{-be^{-cA}} \tag{8-4}$$

（5）考尔夫（Korf）方程

$$H = ae^{-bA^{-c}} \tag{8-5}$$

（6）理查德（Schumacher）方程

$$H = a(1 - e^{-bA})^{c} \tag{8-6}$$

式中　H——林分优势木平均高；

　　　A——林分年龄；

　　　a，b，c——模型预估参数，其中参数 a 为树高生长的最大值 H_{max}；

　　　e——自然对数。

根据标准地整理资料，采用非线性回归模型的参数估计方法，拟合导向曲线的候选模型，估计其参数并计算拟合统计量。通过比较各模型的拟合统计量，选择一个最优模型作为该树种地位指数的导向曲线。

8.3.4　标准年龄及地位指数级距的确定

（1）标准年龄 A_I 的确定

根据树种的生长快慢，决定在某一年龄的树高来表示林地生产力，这个年龄就是标准年龄。确定标准年龄 A_I 的目的是寻找树高生长趋于稳定且能灵敏地反映立地差异的年龄。关于标准年龄的确定，至今尚无统一的方法，一般综合考虑以下几个方面：

①树高生长趋于稳定（平均生长量最大时）后的一个龄阶。

②该树种在各种立地条件下的平均采伐年龄。

③自然成熟龄的一半年龄。

④材积或树高平均生长最大时的年龄。一般以 10 年为单位，大多以 20 年、30 年、40年、…作为标准年龄，如实生杉木的基准年龄为 20 年。

克拉特指出，对于许多树种，在实际工作中选择什么年龄作为基准年龄，评定的立地质量的优劣结果并没有什么差异。为了便于统一，我国主要人工林树种的标准年龄规定见表 8-2 所列。

（2）指数级距 C 的确定

根据该地区编表树种在标准年龄时，树高绝对变动幅度 ΔH 及经营水平确定地位指数级距 C 和指数级个数 k，一般指数级距为 1~2 m，指数级个数小于 10 个为宜，并可用下式概算出指数级距：

$$C = \frac{\Delta H}{k} \tag{8-7}$$

我国多采用 1 m 或 2 m 为指数级距，本例红松天然林地位指数级距 $C = 2$ m。

表 8-2 我国主要树种(人工林)的标准年龄

树　　种	地区	起源	标准年龄(a)
红松、云杉、柏木、紫杉、铁杉	北部 南部	人工 人工	40 40
落叶松、冷杉、樟子松、赤松、黑松	北部 南部	人工 人工	30 30
油松、马尾松、云南松、思茅松、华山松、高山松	北部 南部	人工 人工	30 20
杨、柳、桉、檫、楝、泡桐、木麻黄、枫杨、软阔	北部 南部	人工 人工	15 15
桦、榆、木荷、枫香、珙桐、柚木、槐树	北部 南部	人工 人工	30 15
栎、柞、槠、栲、樟、楠、椴、水、胡、黄、硬阔	北部 南部	人工 人工	30 20
杉木、柳杉、水杉	南部	人工	20

8.3.5 地位指数表的编制

以导向曲线为基础，按标准年龄时的树高值和指数级距，采用比例法建立同型地位指数曲线。例如，根据小兴安岭红松天然林导向曲线式，将标准年龄 A_l(100 a)代入公式，用比例法求出其他各地位指数级的优势高：

$$H = SI \frac{[1 - \exp(-0.004\,605A)]^{0.611\,651}}{[1 - \exp(-0.004\,605A_l)]^{0.611\,651}} \tag{8-8}$$

以 2 m 为一个指数级距，将地位指数 $SI = 12$ m，14 m，…，24 m 分别代入式(8-8)，可以得到小兴安岭地区红松的地位指数表。

8.4 组织与安排

(1)利用调查数据，选择 4~5 个树高曲线模型进行拟合并计算主要统计量。

(2)地位指数导向曲线图、地位指数图、编制地位指数表。

8.5 思考题

(1)在立地质量评价过程中，如何确定林木标准年龄?

(2)在编制地位指数方程过程中，如何在标准地中确定选测优势木。

(3)简述地位指数的优缺点。

第 9 章　一元材积表编制

立木材积表是我国森林资源清查的重要工具之一，其主要包括一元材积表和二元材积表，其中一元材积表又分为胸径一元表和地径一元表。30 多年前，农林部编制并颁布实施了二元立木材积表。通过一元或二元材积表可计算立木材积进而求得林木蓄积量，即区域内活立木的材积总和。立木材积是反映单株木体积的指标，立木材积的变化则是该地区森林生态变化、健康状况和森林经营利用的最重要的反映。

在实际森林调查中，通常使用材积表来进行立木材积的测算，从全国到各省市甚至到林场级别基本都有各自对应的一元材积表以及个别单位单独编制的二元材积表供使用，有样本数量大、精度高等特点，同时也因为模型数量众多、形式不统一、现地树种识别难度较大等原因，导致查表效率低下。对于很多精度要求不高的用途，例如，木材商粗算木材价值、无人机蓄积量估算和大范围地区林分参数遥感反演等，常用的查表方法就显得过于烦琐，需要一个简单快捷的立木材积估算模型。

9.1　目的

(1) 了解编制材积表资料的收集方法。
(2) 掌握用图解法或数式法直接编制一元材积表的方法和过程。
(3) 掌握由二元材积表导算一元材积表的具体方法。

9.2　仪器及用具

计算机、标准地调查数据、方格纸等。

9.3　方法与步骤

立木材积表是根据材积三要素之间的相关关系编制而成，以表示单株树木平均水平的材积。根据材积与胸径一个要素之间的关系编制的材积表，称为一元材积表。根据材积胸径、树高两个要素之间的关系编制的材积表，称为二元材积表。

使用二元材积表，需要测定树高，工作量较大，使用也不方便，所以在生产实践中都是将二元材积表导算为调查地区的一元材积表之后，再进行使用。在材积表的编制方法上，由图解法转变到被广泛采用材积回归方程。对于材积表的编制工作，随着计算机的应用，提高了编表的效率和准确度。尤其是对多个材积方程进行选优与检验等都提供了优越条件。

由于森林抽样调查的需要，各地都普遍编制了主要树种的二元与一元立木材积表，20世纪 70 年代中，集中整理编制了我国 35 个针叶树种、21 个阔叶树种的大区域二元立木材积表，并于 1977 年以标准 LY 208—1977 的形式颁布使用。材积表上的材积是单株平均材积，用于计算大量立木的材积是适用的，因为正负误差可以互相抵消。而对个别树木可能产生较大的误差，所以不能用材积表来计算单株树木的材积。

9.3.1 编表资料收集和整理

（1）编表资料的收集

资料的收集方法因工作情况的不同而不同，但应保证资料能反映材积表使用地区的材积平均水平，结合样地实测数据可以利用机械抽样的方法抽取样本，也可以随机选伐各种立地条件下各径阶的样木数（200~300株）。典型抽样调查的平均标准木用于编表，一般会出现偏大的误差。编表的样木不应局限于使用范围的某个地区内，也不要过分集中于某几个径阶，要保证各径阶都有一定的株数，最好做到使样木株数按径阶分布接近于正态分布，样木伐倒后，采用中央断面区分求法计算样本的材积。

（2）编表资料的整理

对抽中的样木，伐倒后用区分求积法测定其材积，并将各样木的胸径 D、树高 H 及材积 V 建立计算机数据库作为编制和检验材积表的基础数据。根据所收集的资料，用计算机绘制散点图，进行数据预处理，剔除异常数据。在收集编表资料时，应根据林业部《林业专业调查主要技术规定》（1990）的要求，同时收集编表和检验表两套样本，用编表样本编表，用检验样本检验所编材积表的精度。

随着计算机的普及和应用，目前在编制材积表时，并不像过去那样将实测数据按径阶分组后，求算各径阶样木的平均胸径和平均材积，而是将每个样木作为一个样本。根据所建立的基础资料数据库进行异常点检查，并剔除异常点后进行编表。现以黑龙江省小黑杨人工林为例，共收集小黑杨人工林编表样本 1 157 株，剔除了 7 个异常数据，剔除异常点后编表样木统计量见表9-1所列。

表9-1 小黑杨人工林编表数据样木统计量

树木变量	样木数	最小值	最大值	平均值	标准差
胸径	1 150	5.6	34.4	18.89	6.19
树高	1 150	7.5	20.7	14.85	2.86
材积	1 150	0.011 91	0.699 99	0.208 37	0.146 18

9.3.2 一元材积表的编制方法

（1）用图解法确定方程类型

根据各编表样木的胸径与材积，在计算机上以胸径为横坐标，材积为纵坐标作散点图，根据散点的分布趋势，选择合适的方程类型。

（2）最优材积方程的选择

编制一元材积表的方程类型很多，常用的方程见表9-2所列。

如何拟合和选择最优经验方程是编制材积表的技术关键。通常，利用同一套编表样本数据，分别采用不同的一元材积方程（表9-2）进行拟合。对于线性回归方程，可采用普通的最小二乘法求解模型参数，而非线性回归模型的参数估计方法则需采用阻尼最小二乘法，如麦夸脱（Marquardt）迭代法，即由给定的模型初始参数值，通过反复迭代得到模型

表 9-2 一元材积回归方程

方程序号	一元材积方程	提出者
1	$V=a_0+a_1d^2$	科泊斯基(Kopezky)—格尔哈特(Gehrardt)
2	$V=a_0d+a_1d^2$	迪赛斯库(R. Dissescu)—迈耶(W. H. Meyer)
3	$V=a_0+a_1d+a_2d^2$	毫斯费尔德(W. Hohenadl)—克雷恩(K. Krenn)
4	$V=a_0d^{a_2}$	伯克霍特(Berkhart)
5	$\lg V=a_0+a_1\lg d+a_2\dfrac{1}{d}$	布里纳克(Brenac)
6	$V=a_0\dfrac{d^3}{1+d}$	芦泽(1907)
7	$V=a_0d^{a_1}a_2^d$	中岛广吉(1924)

的参数估计值。对材积方程进行参数估计的同时，计算一些拟合统计量。

根据所计算的各方程的拟合统计量，选择其中剩余平方和最小、剩余均方差最小、剩余标准差最小、相关系数(或相关指数)最大的材积方程，并应考虑最接近图解法的散点分布趋势的方程式作为编表的材积式。例如，采用非线性回归模型迭代法来估计参数，所得黑龙江省齐齐哈尔地区小黑杨人工林一元材积式及拟合图见式(9-1)和图9-1。

$$V = 0.000\ 343\ 836D^{2.138\ 717} \tag{9-1}$$

$$n = 1\ 150, \quad RSS = 0.433\ 77, \quad R^2 = 0.994\ 2$$

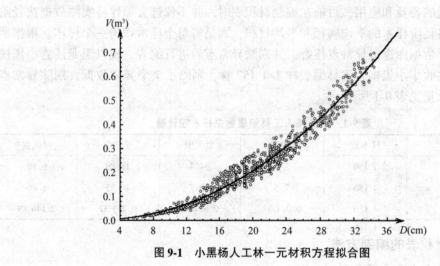

图 9-1 小黑杨人工林一元材积方程拟合图

(3)一元材积表的整理

将各径阶中值代入立木材积式(9-1)，即求出对应径阶的材积，即为各径阶相应单株平均材积，将其列成表即为一元材积表。

9.3.3 由二元材积表导算一元材积表

由二元材积表导算一元材积表的主要问题是寻求一元材积表使用地区的树高和胸径的关系。用图解法或数式法求出各径阶的平均树高，将其代入相应的二元材积经验式中，求出不同径阶的平均材积值，列表即为一元材积表。这种方法比直接编一元材积表方法简便，具体方法是：

①在用表地区随机抽取 200~300 株以上的样木，实测每株样木的胸径和树高。

②采用数式法拟合树高曲线。在实验或实习中，可选择具有生物学意义且能够较好表述树高曲线的关系模型(表 9-3)进行研究与应用。本实验利用第 7 章所建立的樟子松人工林最佳树高曲线。

表 9-3　候选树高曲线模型

模型	文献	表达式
M1	Chapman–Richards（Richards, 1959；Garman et al., 1995）	$h=1.3+b_0\ (1-e^{b_1 d})^{b_2}$
M2	Yang et al.（1978）	$h=1.3+b_0\ (1-e^{b_1 d^{b_2}})$
M3	Eq.（1）with BAL and BA	$h=1.3+b_0\ (1-e^{b_1 d})^{b_2}\ b_0=a_0+a_1\times BAL+a_2\times BA$
M4	Eq.（2）with BAL and BA	$h=1.3+b_0\ (1-e^{b_1 d^{b_2}})\ b_0=a_0+a_1\times BAL+a_2\times BA$
M5	Eq.（1）with BAL and N	$h=1.3+b_0\ (1-e^{b_1 d})^{b_2}\ b_0=a_0+a_1\times BAL+a_2\times N$
M6	Eq.（2）with BAL and N	$h=1.3+b_0\ (1-e^{b_1 d^{b_2}})\ b_0=a_0+a_1\times BAL+a_2\times N$
M7	Eq.（1）with h_0 and BA	$h=1.3+b_0\ (1-e^{b_1 d})^{b_2}\ b_0=a_0+a_1\times h_0+a_2\times BA$
M8	Eq.（2）with h_0 and BA	$h=1.3+b_0\ (1-e^{b_1 d^{b_2}})\ b_0=a_0+a_1\times h_0+a_2\times BA$
M9	Hui et al.（1993）	$h=1.3+b_1\cdot h_0^{a_0}\cdot d^{b_2\cdot h_0^{a_1}}$
M10	Soares et al.（2002）	$h=h_0\left[1+(a_0+a_1 h_0+a_2 d_0)\,e^{b_1 h_0}\right]\cdot(1-e^{b_2 d/h_0})$
M11	Temesgen et al.（2004）	$h=1.3+(b_1+a_0 BAL)\,d_0^{a_1}d^{b_2}h_0^{a_2}$
M12	Sharma et al.（2007）	$h=1.3+a_0\cdot h_0^{a_1}\cdot(1-e^{-b_1 d_0^{-a_2}d})^{b_2}$
M13	H. Temesgen（2014）	$h=1.3+e^{b_0+e^{\frac{b_1}{d+b_2}}}\ b_0=a_0+a_1\times h_0+a_2\times BA$

注：a，b 为模型参数；h 为树高(m)；d 为胸径(cm)；BAL 为每公顷优势种断面积(m^2)；BA 为每公顷林分断面积(m^2)；N 为每公顷株数(株)；d_0 为树种优势木胸径(cm)，h_0 为树种优势高(m)。

③将各径阶中值代入树高曲线，求得各径阶的平均高。

④计算各径阶的平均材积，将各径阶的平均高和径阶中值代入该树种二元材积公式。标准 LY 208—1977 颁布的樟子松二元材积式为：

$$V=0.000\ 054\ 585\ 749D^{1.970\ 541\ 2}H^{0.914\ 183\ 11} \tag{9-2}$$

⑤按该式计算出各径阶的平均材积。

⑥按径阶由小至大的顺序整理各径阶的材积即为导算的一元材积表。

9.3.4　材积表的精度计算

直接编制的一元材积表或由二元导算的一元材积表都需要进行精度计算。计算材积表精度的方法是在表的使用地区，随机地选取一定数量的伐倒木，实测其材积。以表中的理论值与实际值计算系统误差、均方差、均方误差等，以此来考虑材积表的精度。

9.4　组织与安排

（1）利用调查数据，绘制胸径与材积的相关曲线图。

（2）拟合一元材积方程及主要统计量，并编制一元材积表。

9.5　思考题

（1）简述用数式法编制一元材积表的方法步骤。

（2）简述一元材积曲线的特点及如何由二元材积表导算一元材积表。

第 10 章　林分蓄积量测定

林分中全部林木的材积和称为林分蓄积量，在森林调查和森林经营工作中，林分蓄积量常用单位面积蓄积量表示。蓄积量是鉴定森林数量的主要指标，单位面积蓄积量的大小标志着林地生产力的高低及经营措施的效果。另外，在森林资源中，经济利用价值最大的仍是木材资源。因此，林分蓄积量的测定是林分调查主要目的之一，它为森林经营和采伐利用提供重要的数量依据。

10.1　目的

(1)掌握平均标准木法测定林分蓄积量方法。

(2)掌握分级标准木法(等株径级标准木法、等断面积径级标准木法、径阶等比标准木法)测定林分蓄积量方法。

(3)了解不同计算方法对林分蓄积量测算精度的影响。

10.2　仪器及用具

标准地调查数据、计算机、材积模型、统计表等。

10.3　方法与步骤

用标准木测定林分蓄积量，是以标准地内指定林木的平均材积为依据的。这种具有指定林木平均材积的树木称为标准木。而根据标准木的平均材积推算林分蓄积量的方法称为标准木法。这种方法在没有适用的调查数表或数表不能满足精度要求的条件下，它是一种简便易行的测定林分蓄积量的方法。

用标准木法推算林分蓄积量时，除需认真量测面积和测树工作外，选测好标准木至关重要。因此，在实际工作中依据林分平均直径、平均高且要求干形中等 3 个条件选取标准木，即标准木应具有林木材积三要素的平均标志值。其中要求干形中等最难掌握，因树干材积三要素是互不独立的，这就更增加了选定标准木的难度。基于调查目的和精度要求不同，标准木法可分为单级标准木和分级标准木两类。这两类方法的主要区别是标准木所代表的径阶范围及株数分配不同。一般说来，增加标准木的株数可提高蓄积量测定精度，但若标准木选择不当，增加标准木株数也不一定能提高精度。

10.3.1　平均标准木法

平均标准木法又称单级法，是不分级求标准木材积的方法，其步骤为：

①测设标准地，并进行标准地调查。

②根据标准地每木检尺结果，计算出平均直径，并在树高曲线上查定林分平均高。

③寻找 1~3 株与林分平均直径和平均高相接近(一般要求相差在±5%以下)且干形中

等的林木作为平均标准木，伐倒并用区分求积法测算其材积，或不伐倒而采用立木区分求积法计算材积。

④按式（10-1）求算标准地（或林分）蓄积，再按标准地（或林分）面积把蓄积换算为单位面积蓄积量（m³/hm²），算例见表 10-1 所列。

$$M = \sum_{i=1}^{n} v_i \frac{G}{\sum_{i=1}^{n} g_i} \qquad (10\text{-}1)$$

式中　n——标准木株数；

　　　v_i，g_i——第 i 株标准木的材积（m³）及断面积（m²）；

　　　G——标准地总断面积（m²）；

　　　M——林分蓄积量（m³）。

表 10-1　平均标准木法计算蓄积量

径阶	株数	断面积	标准木				
			编号	胸径（m）	树高（m）	断面积（m²）	材积（m³）
8	14	0.070 4					
12	27	0.305 4	1	23.5	22.5	0.043 37	0.450 3
16	25	0.502 7	2	23.5	23.2	0.043 37	0.445 5
20	28	0.879 6					
24	24	1.085 7					
28	26	1.601 0					
32	9	0.723 8					
36	7	0.712 5					
40	1	0.125 7					
44	3	0.456 2					
48	2	0.361 9					
52	1	0.212 4					
合计	167	7.037 3				0.086 74	0.895 8

10.3.2　分级标准木法

为提高蓄积量测算精度，可采用各种不同的分级标准木法。先将标准地全部林木分为若干个径级（每个径级包括几个径阶），在各级中按平均标准木法测算蓄积量，而后叠加得总蓄积量，计算公式为：

$$M = \sum_{i=1}^{k} \left[\sum_{j=1}^{n_i} v_{ij} \frac{G_i}{\sum_{j=1}^{n_i} g_{ij}} \right] \qquad (10\text{-}2)$$

式中　n_i——第 i 级中标准木株数；

　　　k——分级级数（$i=1, 2, \cdots, k$）；

　　　G_i——第 i 级的断面积（m²）；

　　　v_{ij}——第 i 级中第 j 株标准木的材积（m³）；

g_{ij}——第 i 级第 j 株标准木的断面积(m^2)。

分级法的种类很多，现介绍 3 种常用方法。

（1）等株径级标准木法

由乌里希首先提出，该法是将每木检尺结果依径阶顺序，将林木分为株数基本相等的 3~5 个径级，分别径级选标准木测算各径级材积，各径级材积叠加得标准地蓄积量。具体测算方法见表 10-2 所列。

表 10-2　等株径级标准木法计算蓄积量

径级	径阶	株数	断面积（ m^2 ）	平均标志	标准木大小	推算蓄积量（ m^3 ）
I	8	14	0.070 4	$g=0.012\ 10(m^3)$ $D=12.4(cm)$ $H=1.61(cm)$	$d=12.5(cm)$ $g=0.012\ 27(m^2)$ $h=15.7(m)$ $V=0.116\ 1(m^3)$	$M=0.677\ 4\times$ 0.116 1÷ 0.012 27 = 6.409 6
	12	27	0.305 4			
	16	15	0.301 6			
	小计	56	0.677 4			
II	16	10	0.201 1	$g=0.033\ 84(m^3)$ $D=20.8(cm)$ $H=21.9(m)$	$d=20.8(cm)$ $g=0.033\ 98(m^2)$ $h=21.9(m)$ $V=0.372\ 3(m^3)$	$M=1.895\ 0\times$ 0.372 3÷ 0.033 98 = 20.762 5
	20	28	0.879 6			
	24	18	0.814 3			
	小计	56	1.895 0			
III	24	6	0.271 4	$g=0.081\ 18(m^3)$ $D=32.1(cm)$ $H=26.0(m)$	$d=32.0(cm)$ $g=0.080\ 42(m^2)$ $h=26.9(m)$ $V=0.863\ 8(m^3)$	$M=4.464\ 9\times$ 0.863 8÷ 0.080 42 = 47.958 0
	28	26	1.601 0			
	32	9	0.723 8			
	36	7	0.712 5			
	40	1	0.125 7			
	44	3	0.456 2			
	48	Z	0.361 9			
	52	1	0.212 4			
	小计	55	4.464 9			
合计		167	7.037 3			75.130 1

（2）等断面积径级标准木法

哈尔蒂希首先提出，依径阶顺序，将林木分为断面积基本相等的 3~5 个径级，分别径级选标准木进行测算，算例见表 10-3 所列。

表 10-3　等断面积径级标准木法计算蓄积量

径级	径阶	株数	断面积（ m^2 ）	平均标志	标准木大小	推算蓄积量（ m^3 ）
I	8	14	0.070 4	$g=0.021\ 93(m^3)$ $D=16.7(cm)$ $H=19.4(m)$	$d=16.9(cm)$ $g=0.022\ 43(m^2)$ $h=17.2(m)$ $V=0.207\ 1(m^3)$	$M=2.346\ 2\times$ 0.207 1÷ 0.022 43 = 21.662 9
	12	27	0.305 4			
	16	25	0.502 7			
	20	28	0.879 6			
	24	13	0.588 1			
	小计	107	2.346 2			
II	24	11	0.497 6	$g=0.058\ 50(m^2)$ $D=27.3(cm)$ $H=24.8(m)$	$d=27.6(cm)$ $g=0.059\ 83(m^2)$ $h=24.9(m)$ $V=0.700\ 8(m^3)$	$M=2.339\ 9\times$ 0.700 8÷ 0.059 83 = 27.407 7
	28	26	1.601 0			
	32	3	0.241 3			
	小计	40	2.339 9			

（续）

径级	径阶	株数	断面积（m²）	平均标志	标准木大小	推算蓄积量（m³）
Ⅲ	32	6	0.482 5	$g = 0.117\ 56\ (\text{m}^2)$ $D = 38.7\ (\text{cm})$ $H = 27.2\ (\text{m})$	$d = 38.7\ (\text{cm})$ $g = 0.117\ 63\ (\text{m}^2)$ $h = 28.5\ (\text{m})$ $V = 1.380\ 5\ (\text{m}^3)$	$M = 2.351\ 2 \times$ $1.380\ 5 \div$ $0.117\ 63$ $= 27.593\ 6$
	36	7	0.712 5			
	40	1	0.125 7			
	44	3	0.456 2			
	48	2	0.361 9			
	52	1	0.212 4			
	小计	20	2.351 2			
合计		167	0.037 3			76.664 2

（3）径阶等比标准木法

德劳特提出用分别径阶按一定株数比例选测标准木的方法。其步骤是先确定标准木占林木总株数的百分比（一般取 10%）；再根据每木检尺结果，按比例确定每个径阶应选的标准木株数（两端径阶株数较少，可合并到相邻径阶）；然后根据各径阶平均标准木的材积推算该径阶材积，最后各径阶材积相加得标准地总蓄积。

$$M = V_1 n_1 + V_2 n_2 + \cdots + V_k n_k = \sum_{i=1}^{k} V_i n_i \tag{10-3}$$

式中　V_i——材积曲线或材积直线上读出的第 i 径阶单株材积；

n_i——相应径阶的检尺木株数。

这种方法相当于为标准地编制一份临时的一元材积表。

10.3.3　误差分析

标准木法属于典型选样方法，用于推算蓄积量的精度完全取决于所选标准木的胸径、树高及形数与其林分平均直径、平均高及形数的接近程度。在实际工作中，很难找到与林分 3 个平均因子完全一致的林木，因而会产生一定的误差，其中干形最难控制。实践中通常要求胸径、树高与实测平均值的离差一般不超过 ±5%。对于形数，在选测标准木之前，平均形数是无法确定的，只能按照目测树干的圆满程度、树冠长度等可以反映形数大小的外部特征选择干形中等的树木作为标准木。由于干形因子是主观选定的，易倾向于选择干形比较通直及饱满的树木，所以采用标准木法常易产生偏大的误差。

表 10-4 为 4 种标准木法测算蓄积量误差对比。

表 10-4　4 种标准木法测算蓄积量误差对比实例

方　法	标准木株数	计算蓄积量（cm³）	蓄积量相对误差（%）
平均标准木法	2	54.79	+2.86
等株径级标准木法	3	54.52	+2.36
等断面积径级标准木法	3	54.37	+2.06
径阶等比标准木法	15	54.15	−1.65

10.4　组织与安排

（1）每 2~3 位同学为一组，利用实测数据（表 10-5），以 2 cm 为一个径阶划分径阶，统计各径阶株数；将林木分为株数或断面积基本相等的 3~5 个径级；统计各径级断面积；计算各径级平均标志即平均树高、平均胸径及断面积；在各径阶依据平均胸径和平均高，分别选择 1 株实际标准木（误差控制在±5%的范围内）；基于平均标准木法、等株径级标准木法、等断面积径级标准木法计算林分蓄积量。

（2）提交平均标准木法、等株径级标准木法、等断面积径级标准木法计算的蓄积量表格（表 10-6 至表 10-8）。

10.5　思考题

（1）采用平均标准木法测定林分蓄积量的方法与步骤是什么？如何提高平均标准木法测定林分蓄积量的准确度？

（2）如何应用一元材积表测定林分蓄积量？在应用中应注意哪些问题？

（3）由二元材积表导算一元材积表的方法与步骤是什么？

表 10-5　样木调查表

No.	D(cm)	H(m)	V(m³)	No.	D(cm)	H(m)	V(m³)	No.	D(cm)	H(m)	V(m³)	No.	D(cm)	H(m)	V(m³)
1	22	23.5	0.386 9	21	32	26.9	0.898	41	26.2	25.4	0.580 2	61	30	27.1	0.797 3
2	11.2	14.3	0.068 4	22	14.8	19	0.149 6	42	21	21.4	0.326 5	62	37	26.8	1.186 6
3	18.5	19.8	0.239	23	34.2	25.8	0.986 1	43	25	24.2	0.508 4	63	29	25.4	0.730 1
4	23.8	25.4	0.481 5	24	26.3	24	0.557	44	11.8	17.3	0.089	64	18.1	18.2	0.182 6
5	26.5	25.5	0.595 1	25	22.5	22.8	0.386 5	45	26	25.4	0.571 6	65	11.2	15.7	0.074 1
6	26	21.9	0.504	26	18.4	22.6	0.263 6	46	20.6	24.2	0.349 1	66	12.8	13.6	0.085
7	27	23	0.573 7	27	36.1	25.6	1.088	47	21	22.7	0.233 2	67	35.4	25.8	1.054 4
8	16.5	17.3	0.170 7	28	26.6	25.2	0.593 8	48	20.8	24.5	0.368 2	68	7.1	9.8	0.020 5
9	16	20.8	0.187 9	29	19.7	21.7	0.291 8	49	30.5	24	0.742 6	69	8.5	10.4	0.030 6
10	13	17.4	0.109 8	30	28.2	27.2	0.709 3	50	8.4	10.8	0.030 8	70	22.5	24.4	0.417 2
11	25.2	24.4	0.516 3	31	10.9	15	0.067 6	51	10	11.5	0.045 6	71	27.8	24.1	0.622 5
12	11.5	15.6	0.075 9	32	17.5	21.4	0.229 2	52	24.2	24.2	0.500 8	72	11.7	13.8	0.072 3
13	19.5	21.3	0.285 0	33	18.8	21	0.246	53	9.5	13.6	0.047	73	24	23.7	0.461 4
14	18	23	0.257 3	34	26.5	24.8	0.581 2	54	23.5	22.5	0.423 8	74	14.7	15.8	0.126 3
15	9	10.6	0.034 7	35	13.3	16.1	0.116 7	55	8.3	10.7	0.031 5	75	9.8	12.1	0.045 8
16	18.8	18.4	0.231 7	36	28	25.7	0.666 6	56	27.6	24.9	0.631 1	76	24	25	0.482 8
17	17.2	21	0.218 1	37	20.8	23.8	0.350 5	57	28.2	27.2	0.780 2	77	37.5	24.8	1.140 3
18	15	19.6	0.157 7	38	18.5	18.5	0.225 6	58	15.5	20.8	0.176 8	78	22	22.9	0.378 5
19	30	25	0.744 5	39	35.5	25.8	1.060 2	59	13.5	17.3	0.115 9	79	19	19.6	0.248 5
20	23.5	23.2	0.435 0	40	25.6	21.2	0.475 7	60	23.6	22.7	0.420 5	80	17.5	19.5	0.211 7

（续）

No.	D(cm)	H(m)	V(m³)	No.	D(cm)	H(m)	V(m³)	No.	D(cm)	H(m)	V(m³)	No.	D(cm)	H(m)	V(m³)
81	15.5	19.3	0.165 9	97	11	14	0.065 7	113	20.8	21.9	0.326 8	129	16.7	20.5	0.200 8
82	25.2	24	0.512 7	98	32	25	0.843 9	114	27.2	26.1	0.648 7	130	28.9	25.3	0.682 8
83	20.5	21.3	0.306 6	99	14.8	18.5	0.146 3	115	14.4	15.4	0.087 1	131	31.1	27.6	0.868 4
84	25	24.5	0.513 7	100	12.5	17	0.095 6	116	32.5	27.2	0.934 2	132	26.2	24.1	0.554 8
85	10.6	11.3	0.050 4	101	28.5	25.3	0.780 8	117	18.8	19.7	0.245 5	133	16.5	20.4	0.196 3
86	21.5	22.1	0.351 2	102	16.9	17.2	0.177 9	118	30.6	26.4	0.810 3	134	11.5	15.7	0.078
87	27	23	0.565 3	103	13.5	18.1	0.120 1	119	18.7	22	0.266 8	135	23.5	24.5	0.455 6
88	21.2	22.4	0.345 7	104	11.2	17	0.079 3	120	18.6	18.6	0.241 5	136	14.9	19.6	0.155 7
89	29.3	26.4	0.720 8	105	21.2	20.5	0.320 6	121	22.9	24.7	0.406 1	137	12.1	16.4	0.089 3
90	17	22.6	0.226 9	106	13.4	19	0.120 6	122	36	25.5	1.078 6	138	13.6	17.2	0.116 7
91	12.5	15.7	0.091 7	107	31.5	25.4	0.829 6	123	24	21.6	0.426 4	139	28	25	0.651 7
92	13.5	15.6	0.105 9	108	9.4	13	0.044 9	124	14.5	16.6	0.087 6	140	8.5	11.5	0.036 3
93	18.1	23.3	0.253 4	109	23.5	22	0.415 8	125	14.6	16.5	0.129 3	141	16.9	15.5	0.163 9
94	19	20.9	0.263 5	110	11.1	10.4	0.051 3	126	17.7	19.8	0.217 4	142	9.2	14.4	0.047 0
95	24	23.2	0.453 1	111	21.9	22.4	0.308 2	127	11.7	15.1	0.078				
96	20.5	23.3	0.334 9	112	24.5	25.6	0.516 1	128	38.7	26.5	1.232 4				

表 10-6　平均标准木法计算林分蓄积量

径　阶 （cm）	株　数 （cm）	树　高 （cm）	断面积 （m）	计算标准木			实际标准木				蓄积量 （m³）
				g	D	H	g	D	H	V	

表 10-7 等断面积径级标准木法计算林分蓄积量

径级	径阶 （cm）	株数	断面积 （m²）	计算标准木			实际标准木				蓄积量 （m³）
				g	D	H	g	D	H	V	

表 10-8 等株径级标准木法计算林分蓄积量

径级	径阶 （cm）	株数	断面积 （m²）	计算标准木			实际标准木				蓄积量 （m³）
				g	D	H	g	D	H	V	

第 11 章　林分蓄积生长量测定

利用标准地测得的数据计算过去的生长量，据此预估未来林分生长量的方法，称作一次调查法。现行方法很多，但基本上都是利用胸径的过去定期生长量间接推算蓄积生长量，并用来预估未来林分蓄积生长量。因此，一次调查法要求：预估期不宜太长、林分林木株数不变。另外，不同的方法又有不同的应用前提条件，以保证预估林分蓄积生长量的精度。一次调查法确定林分蓄积生长量，适用于一般林分调查所设置的临时标准地或样地，以估算不同种类的林分蓄积生长量，较快地为营林提供数据。

11.1　目的

(1)掌握林分蓄积生长量测定方法的种类及应用步骤。
(2)掌握林分蓄积量生长率计算方法。
(3)了解固定标准地测算林分蓄积生长量方法。

11.2　仪器及用具

标准地调查数据表、材积表或材积模型、计算机等。

11.3　方法与步骤

11.3.1　林分胸径生长量表的编制

现行的林分蓄积生长量的测定方法几乎都是以胸径生长量为基础的，所以胸径生长量的测定是林分蓄积生长量测定的关键，其方法步骤是：

(1)胸径生长量的取样

被选取测定胸径生长量的林木，称为生长量样木。为保证直径生长量的估计精度，取样时应注意下述问题：

①样木株数　为保证测定精度，当采用随机抽样或系统抽样时样木株数应不少于100株。如用标准木法测算，则应采用径阶等比分配法且标准木株数不应少于30株。

②间隔期　是指定期生长量的定期年限，即间隔年数，通常用 n 表示。间隔期的长短依树木生长速率而定，一般取 3~5 a。应当指出，用生长锥测定胸径生长量，其测定精度与间隔期长短有很大关系。取间隔期长些，可相应减少测定误差，因为生长锥取木条时的压力，使自然状态下的年轮宽度变窄，尤其是最外面的年轮宽窄受压变窄最为明显。

③锥取方向　当采用生长锥取样条时，由于树木横断面上的长径与短径差异较大，加之进锥压力使年轮变窄；所以只有多方向取样条方能减少量测的平均误差。在实际工作中，除特殊需要外，很少按4个方向锥取。一般按相对(或垂直)2个方向锥取。

④测定项目　应实测样木的带皮胸径 d、树皮厚度 B 及 n 个年轮的宽度 L。测定值均

表 11-1　胸径生长量计算

编号	带皮胸径 d	二倍皮厚 $2B$	去皮胸径 d'	5个年轮宽 L	期中胸径 去皮 $X'=d'-L$	期中胸径 带皮 $X=X'K_B$	胸径生长量 去皮 $Z'_d=2L$	胸径生长量 带皮 $Z_d=Z'_dK_B$
1	5.8	0.6	5.2	0.55	4.65	5.25	1.10	1.24
2	6.3	0.6	5.7	1.15	4.55	5.14	2.30	2.60
3	8.0	0.4	7.6	0.78	6.82	7.70	1.56	1.76
4	9.0	1.2	7.8	0.43	7.37	8.32	0.86	0.97
5	5.1	0.8	4.3	0.69	3.61	4.08	1.38	1.56
6	5.5	0.8	4.7	0.63	4.07	4.60	1.26	1.42
7	6.7	1.4	5.3	0.85	4.45	5.03	1.70	1.92
8	8.2	1.4	6.8	0.95	5.85	6.61	1.90	2.15
⋮	⋮	⋮	⋮	⋮	⋮	⋮	⋮	⋮
合计	639.4	566.2						

应精确到 0.1 cm。样木测定记录及计算公式，可参见表 11-1 实例。

（2）胸径生长量样木资料的计算

为求得各径阶整列后的带皮胸径生长量，当直接用野外测得的相关资料(d_i, L_i)，$i=1，2，3，\cdots$进行回归时，存在以下问题：首先，所测得的胸径生长量 $2L$，实际上是去皮胸径生长量，未包括皮厚的增长量，故应将其换算成带皮胸径生长量；其次，带皮胸径 d 是期末 t 时的胸径，应变换为与胸径生长量相对应的期中$(t-n/2)$时带皮胸径。

为此，对生长量样木资料应进行下述整理，其步骤为：

①计算林木的去皮直径 d'

$$d' = d - 2B \tag{11-1}$$

②计算树皮系数 k

$$K = \frac{\sum d}{\sum d'} \tag{11-2}$$

③计算期中$(t-\dfrac{n}{2})$年的带皮直径　由于期中$(t-\dfrac{n}{2})$年的去皮直径：$X'=d'-L$ 及去皮直径与带皮直径存在线性关系，且当 $d'=0$，$d=0$。所以，期中带皮直径为：

$$X = X'K \tag{11-3}$$

④计算带皮直径生长量　由于去皮直径生长量 $Z'_d=2L$ 及 d 与 d' 存在上述关系，可以证明带皮直径生长量Z'_d 为：

$$Z_d = Z'_dK \tag{11-4}$$

（3）林木胸径生长量的整列

根据相关资料(x_i, Z_{d_i})，$i=1，2，\cdots$，可选择下列回归方程确定林木胸径生长量方程：

$$y = a + bx \tag{11-5}$$

$$y = a + bx + cx^2 \tag{11-6}$$

$$y = ax^b \tag{11-7}$$

　　将各径阶组中值代入所求带皮胸径连年生长量经验方程,求得各径阶胸径生长量。按径阶整列即为所编制的胸径连年生长量表,对于慢生树种,亦可编制定期(5 a 或 10 a)胸径生长量表。

11.3.2　材积差法

　　将一元材积表中胸径每差 1 cm 的材积差数,作为现实林分中林木胸径每生长 1 cm 所引起的材积生长量。利用一次测得的各径阶的直径生长量和株数分布序列,从而推算林分蓄积生长量,这种方法称为材积差法。应用此法确定林分蓄积生长量时,必须具备两个前提条件:一是要有经过检验而适用的一元材积表;二是要求待测林分期初与期末的树高曲线无显著差异,否则将会导致较大的误差。

　　用材积差法计算林分蓄积生长量步骤:

　　①根据标准地或样地调查数据,按照径阶距划分径阶,统计各径阶株数。

　　②根据预先编制的材积方程及胸径生长方程,计算各径阶材积、胸径生长量径阶材积和。

　　③根据调查数据在径阶首尾分别添加一个径阶,采用材积差式(11-8)计算各径阶材积差,利用各径阶株数计算各径阶材积生长量及蓄积生长量。

$$\Delta_V = \frac{1}{2C}(V_2 - V_1) \tag{11-8}$$

式中　Δ_V——1 cm 材积差;

　　　　V_1——比该径阶小一个径阶的材积;

　　　　V_2——比该径阶大一个径阶的材积;

　　　　C——径阶距。

表 11-2　用材积差法计算林分蓄积生长量

径阶	株数	平均材积 (m^3)	平均 1 cm 材积差 (m^3)	胸径生长量 (cm)	单株材积生长量(m)	径阶材积生长量(m^3)	径阶材积 (m^3)
4		0.006					
8	10	0.032	0.011 4	0.87	0.009 9	0.099 0	0.320
12	27	0.097	0.020 5	1.48	0.030 3	0.818 1	2.619
16	21	0.196	0.031 8	2.27	0.072 2	1.516 2	4.116
20	21	0.351	0.040 6	2.86	0.116 1	2.438 1	7.371
24	12	0.521	0.046 0	3.28	0.150 9	1.810 8	6.252
28	7	0.719	0.050 3	3.58	0.180 1	1.260 7	5.033
32	3	0.923	0.051 0	3.84	0.195 8	0.587 4	2.769
36	1	1.127	0.052 6	4.02	0.211 5	0.211 5	1.127
40	1	1.344	0.054 5	4.11	0.224 0	0.224 0	1.344
44		1.563					
合计	103					8.965 8	30.951

表 11-2 可得该落叶松标准地 10 年间蓄积生长量为：

$$\Delta_M = \sum Z_{M_i} = 8.965\ 8\text{m}^3$$

蓄积连年生长量：

$$Z_M = \frac{8.965\ 8}{10} = 0.896\ 6\text{m}^3$$

林分 10 年间的年平均蓄积生长率为：

$$P_M = \frac{V_a - V_{a-n}}{V_a + V_{a-n}} \times \frac{200}{n} = \frac{8.965\ 8}{30.951 + 21.985} \times \frac{200}{10} = 3.39\%$$

假设今后 10 年的材积生长量不变，则林分的蓄积生长率为：

$$P_M = \frac{8.965\ 8}{70.867\ 8} \times \frac{200}{10} = 2.53\%$$

11.3.3　均匀分布法

本法是通过前 n 年间的胸径生长量和现实林分的直径分布，预估未来(后 n 年)的直径分布，然后用一元材积表求出现实林分蓄积量和未来林分蓄积量，两个蓄积量之差即为后 n 年间的蓄积定期生长量。现实林分的直径分布结构是通过每木检尺调查确定，若假设在同一径阶内，所有林木均按相同的直径生长量增长，即按相同的步长转移，从而未来的林分直径分布可根据过去的直径生长量予以推算。

假设各径阶内的树木分布呈均匀分布状态，直径生长量为 Z_d，径阶距为 C，R_d 为 ($R_d = Z_d/C$) 移动因子，则各径阶的移动株数为 $R_d \times n$，径阶的移动株数随 R_d 的变化见表 11-3。

表 11-3　移动因子不同时径阶株数的变化

生长量	移动因子	移动情况
$Z_d < C$	$R_d < 1$	部分树木升 1 个径阶其余留在原径阶内
$Z_d = C$	$R_d = 1$	全部树木升 1 个径阶
$Z_d > C$	$R_d > 1$	移动因子数值中的小数部分对应株数升 2 个径阶其余升 1 个径阶
	$R_d > 2$	移动因子数值中的小数部分对应的株数升 3 个径阶其余升 2 个径阶

以表 11-4 为例，当 $R_d < 1$ 时，8 cm 径阶的胸径生长为 0.87 cm，移动因子 $R_d = 0.218$，则从 8 cm 径阶进入 12 cm 径阶的株数为：$R_d \times n = 0.218 \times 10 = 2.18$ 株；留在原径阶的株数为：$10-2.18 = 7.82$ 株，12 cm 径阶未来的株数应为本径阶留下的株数加上从 8 cm 径阶进入 12 cm 径阶的株数，即表 11-4 中用斜线相联的数值之和：$2.18 + 17.01 = 19.19$ 株。

当 $R_d = 1$ 时，全部升 1 个径阶；当 $R_d > 1$ 时，移动因子的小数部分升 2 个径阶，其余升 1 个径阶，依此类推。利用材积模型或材积表，根据未来林分的直径分布计算蓄积生长量。

11.3.4　累积分布曲线法

根据现实林分各径阶株数累积频数及胸径生长量与胸径的关系，绘制累积频数曲线预估未来林分直径分布，并根据利用一元材积表查算出的现实林分蓄积量及未来林分蓄积量

表 11-4　落叶松标准地移动株数计算表

径阶	胸径生长量	移动因子	现在株数	移动株数			未来株数
				进二级	进一级	原级	
8	0.87	0.218	10		2.18	7.82	7.82
12	1.48	0.370	27		9.99	17.01	19.19
16	2.27	0.568	21		11.93	9.07	19.06
20	2.86	0.715	21		15.02	5.98	17.91
24	3.28	0.820	12		9.84	2.16	17.18
28	3.58	0.895	7		6.27	0.73	10.57
32	3.84	0.960	3		2.88	0.12	6.39
36	4.02	1.005	1	0.01	0.99		2.88
40	4.11	1.028	1	0.03	0.97		0.99
44							0.98
48							0.03
合计			103				103.00

之差，推算林分蓄积生长量，这种方法称为累积分布曲线法(图11-1)。累积分布曲线法的具体计算步骤为：

①计算各径阶的累积株数百分数。

②以各径阶的上限值及累积株数百分数绘制散点图，并用折线连成现实林分累积频率分布曲线。

③依据胸径生长量与胸径的关系(经验方程)，计算出各径阶上限所对应的胸径生长量及径阶上限生长。

④以各径阶上限生长与径阶原有累积株数百分数绘制散点图(在原图上作"点")、并用折线连成未来林分累积频率分布曲线。

⑤从未来林分累积频率分布曲线上查出各径阶上限所对应的累积株数百分数。

⑥根据未来林分的累积株数百分数，计算出未来林分的直径分布并进行径阶整化。

⑦利用材积模型或材积表，根据未来林分的直径分布计算蓄积生长量。

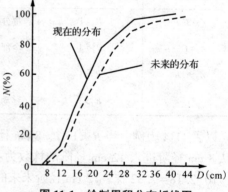

图 11-1　绘制累积分布折线图

11.3.5　一元材积指数法

一元材积指数法是将测定的胸径生长率(由胸径生长量获得)，通过一元幂指数材积式转换为材积生长率式，再由标准地每木检尺资料求得材积生长量的方法。根据一元材积模型、材积生长率 P_V 与胸径生长率 P_D 的关系式来计算蓄积生长量，具体计算步骤为：

①先测定各径阶胸径生长量 Z_V；

②计算各径阶的平均胸径生长率 P_D；

③将 P_D 乘一元材积式的幂指数 a_1，即得相应各径阶的材积生长率 P_V；

$$P_V = a_1 P_D \qquad\qquad (11\text{-}9)$$

式中　P_V——材积生长率；

　　　P_D——胸径生长率；

　　　a_1——该地区一元材积式的幂指数。

④再利用一元材积表，由标准地的林分蓄积量，算出蓄积生长量 Z_V。

表 11-5　用一元材积指数法计算落叶松的生长量

径阶	株数	单株材积 （m³）	径阶材积 （m³）	径阶 10 年直 径生长量(m)	胸径生 长率	材积生 长率	材积连年 生长量（m³）
8	10	0.032	0.320	0.87	1.088	2.472	0.008
12	27	0.097	2.619	1.48	1.233	2.801	0.073
16	21	0.196	4.116	2.27	1.419	3.224	0.133
20	21	0.351	7.371	2.86	1.430	3.249	0.239
24	12	0.521	6.252	3.28	1.367	3.106	0.134
28	7	0.719	5.033	3.58	1.299	2.906	0.146
32	3	0.923	2.769	3.84	1.200	2.726	0.075
36	1	1.127	1.127	4.02	1.117	2.538	0.029
40	1	1.344	1.344	4.11	1.028	2.336	0.031
合计	103		30.951				0.868

按表 11-5 求出的林分蓄积连年生长量为 0.868 m³，10 年的定期生长量为 8.68 m³，林分蓄积生长率为：

$$P_V = \frac{0.868}{30.951} \times 100\% = 2.804\%$$

11.3.6　固定标准地法

本方法是通过设置固定标准地，定期(1 a、2 a、5 a、10 a)重复地测定该林分各调查因子(胸径、树高和蓄积量等)，从而计算林分各类生长量。用这种方法不仅可以准确地得到林分毛生长量，而且能测得不易测定的枯损量、采伐量、纯生长量等；同时可取得在各种条件下林分各径阶的状态转移概率分布结构及作不同经营措施的效果评定等，这对于研究森林的生长和演替有重要意义。

固定标准地(样地)可分为树木不编号的固定标准地和树木编号的固定标准地两类。树木不编号的固定标准地是以林分整体为重复观测对象而设置的固定标准地。通过标准地林分的定期观测，推定直径生长量、总断面积生长量，并应用一元材积表法推定蓄积生长量，这是固定标准地的初级形式。树木编号的固定标准地是在固定标准地定位观测基础上，要求标准地内的每株树木都编号。在每株树生长变化(枯损也是一种变化)测定的基础上，确定林分各类生长量。这种定株重复观测的固定标准地，可以确知死亡木、采伐树木的材积变化及进界生长量。在研究林分生长过程或营林效果对比试验时，常设置这类标准地。目前我国所设置的固定标准地(或固定样地)以这类为主。当该类标准地定株编号失败，则化为林木不编号固定标准地。

11.3.6.1　调查方法

①对每株树进行编号并挂号，用油漆标明胸高 1.3 m 位置，用围尺测径，精度保留 0.1 cm。

②确定每株数在标准地的位置，绘制树木位置图。

③复测时要分别单株木记载死亡情况与采伐时间，进界树木要标明生长级。

④其他测定项目同临时标准地。

11.3.6.2　生长量的计算

(1)胸径和树高生长量

在固定标准地上逐株测定每株树的胸径和树高（或用系统抽样方式测定一部分树高），利用期初、期末两次测定结果计算胸径生长量和树高生长量。步骤如下：

①将标准地上的林木(分别主林木和副林木)调查结果分别径阶归类，求各径阶期初、期末的平均直径(或平均高)。

②期末、期初平均直径之差即为该径阶的直径定期生长量。

③以径阶中值及直径定期生长量作点，绘制定期生长量曲线。

④从曲线上查出各径阶的理论定期生长量，计算出连年生长量。

(2)材积生长量

固定标准地的材积是用二元材积表计算的，期初、期末两次材积之差即为材积生长量。由于固定标准地树高测定方式的不同，材积生长量的计算方法也不同。

①标准地上每木测高时，根据胸径和树高的测定值用二元材积表计算期初、期末的材积，两次材积之差即为材积生长量。

②用系统抽样方法测定部分树木的树高时，根据树高曲线导出期初、期末的一元材积表，计算期初、期末的蓄积量，两次蓄积量之差即为蓄积生长量。

11.4　组织与安排

(1)每 3~4 位同学为一组，利用标准地实测数据，以 4 cm 为一个径阶划分径阶，统计各径阶株数，基于普雷斯勒生长率方法计算标准地生长率及其蓄积生长量，并计算单位面积蓄积生长量。

(2)实验过程中利用已有材积公式($V = 0.000\,207\,463D^{2.418\,79}$)及胸径生长量公式($Z_D = 0.068\,246\,8D^{0.926\,718}$)对相关统计量进行计算。

(3)提交不同方法蓄积量计算表格(表 11-6 至表 11-9)。

11.5　思考题

(1)如何编制胸径生长量表？

(2)如何用材积差法、均匀分布法、累积分布曲线法、一元材积指数法计算森林蓄积生长量？

(3)如何采用固定标准地法计算林分生长量？

表 11-6 用材积差法计算林分蓄积生长量

径阶 （cm）	株数 n	单株材积 V （m³）	1cm 材积差 ΔV	胸径生长量 Z_D	单株材积生长量 Z_V	材积生长量 nZ_V	材积 nV
合计							

表 11-7　一元材积指数法测定林分蓄积生长量

径阶	株数	单株材积 V	径阶材积 nV	带皮胸径连年生长量 Z_D	胸径生长率 $P_D = Z_D/D \times 100$	材积生长率 $P_V = b \cdot P_D$	单株材积连年生长量 $V \cdot P_V$	径阶材积连年生长量 $n \cdot V \cdot P_V$
合计								

表 11-8　均匀分布法确定直径分布

径阶	胸径生长量 Z_D	移动因子 $R_D = Z_D/C$	现在株数	移动株数			未来株数
				进二级	进一级	原级	
合计							

表 11-9 用累计分布曲线预估直径分布表

径阶	株数	径阶上、下限 d	上、下限的胸径生长量 Z_d	径阶上、下限的未来值 $D=d+Z_d$	现在分布		未来株数		
					累计株数	累计（%）	累计（%）	累计株数	株数
总计		—	—	—	—	—	—	—	

第 12 章　树干解析

将树干截成若干段，在每个横断面上可以根据年轮的宽度确定各年龄(或龄阶)的直径生长量。在纵断面上，根据断面高度以及相邻两个断面上的年轮数之差可以确定各年龄的树高生长量，从而可进一步算出各龄阶的材积和形数等，也可利用树木年轮和环境因子的关系，进行区域环境历史的重建。这种分析树木生长过程的方法称为树干解析。作为分析对象的树木称为解析木。

12.1　目的

(1)掌握树干解析的基本工作程序和计算方法。

(2)进一步理解各种生长量的意义，加深对树木生长过程的认识。

12.2　仪器及用具

伐木工具(油锯、手锯)、皮尺、轮尺、粉笔、三角板或直尺、大头针、计算机、方格纸、用表等(不能伐树时，可给成套圆盘)。

12.3　方法与步骤

树干解析是研究树木生长过程的基本方法，在生产和科研中经常采用。树干解析的工作可分为外业和内业两大部分。

12.3.1　树干解析的外业工作

(1)解析木的选取与生长环境记载

解析木的选取应根据分析生长过程的目的和要求而定。例如，研究树木生长过程时，一般选择生长正常、无病虫害、无断梢的平均木或优势木；研究林木受气象或病虫害等外界危害对树木生长的影响时，则必须选取被害木做解析木。选取解析木的数量则依精度要求而定，一般每块标准地至少要选择一株平均木(平均胸径和平均树高误差分别在±5%范围内)做树干解析。

在解析木伐倒以前，首先，应记载它所处的立地条件、林分状况、解析木调查因子(所属层次、发育等级等)及与邻近树木的位置关系等，并绘制树冠投影图等；其次，确定根颈的位置，标明胸高位置及树干的南北方向，并分东西、南北两个方向量测冠幅。

(2)解析木的伐倒与测定

砍伐时，先选择适当倒向，并作相应的场地清理，以利于伐倒后的量测和锯解工作的进行。然后，从根颈处下锯，伐倒解析木。

解析木伐倒后，先测定胸径、冠长、死枝下高、活枝下高、树干全长和全长的1/2、

1/4 及 3/4 处的直径，然后打去枝桠，用粉笔在全树干上标出南、北方向。

按伐倒木区分求积的方法，将解析木分段，为计算材积方便起见，可采用平均断面积区分求积法分段，但由于根颈部膨大，第一段取中央断面为宜。

（3）区分段长度

在测定树干全长的同时，将树干区分成若干段，分段的长度和区分段个数与伐倒木区分求积法的要求一致。通常采用中央断面区分求积法在每个区分段的中点位置截取圆盘。在分析树木生长过程中，研究胸高直径的生长过程有着重要的意义，故在胸高处必须截取圆盘。所余不足一个区分段长度的树干为梢头木，在梢头底直径的位置也必须截取圆盘。

当树高在 5 m 以下时，区分段长为 0.5 m；

当树高在 5~10 m 时，区分段长为 1.0 m；

当树高在 10 m 以上时，区分段长为 2.0 m。

下面以 $H=15.8$ m，2 m 区分段长为例说明截取圆盘的部位：

①中央断面积区分求积法（等长区分），共截取 10 个圆盘：

0 m，1 m，1.3 m，3 m，5 m，7 m，9 m，11 m，13 m，14 m

②中央断面积区分求积法（第一段为 2.6 m，其余为 2 m），共截取 9 个圆盘：

0 m，1.3 m，3.6 m，5.6 m，7.6 m，9.6 m，11.6 m，13.6 m，14.6 m

③平均断面积区分求积法（等长区分），共截取 9 个圆盘：

0 m，1.3 m，2 m，4 m，6 m，8 m，10 m，12 m，14 m

（4）截取圆盘及圆盘编号

截取圆盘时注意下述事项：

①截取圆盘时要尽量与树干垂直，不应偏斜。

②圆盘向地的一面要恰好在各分段的标定位置上，以该面作为工作面，用来查数年轮和量测直径。

③圆盘厚度一般在 3~5 cm 即可，直径大的可适当加厚。

④锯解时，尽量使断面平滑。

⑤每个圆盘锯下后，应立即在非工作面编号，一般以分数形式表示，分子上标明解析木号，分母上标明圆盘号和断面高度，并标明南、北方向。根颈处的圆盘为"0"号，然后用罗马字母 I，II，…依次向上顺序编号。在"0"号盘上要记载树种、采集地点和日期等（图 12-1）。

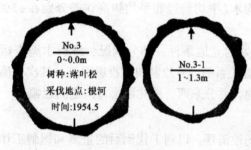

图 12-1 圆盘编号

在圆盘的非工作面上标明南北向，并以分式形式注记，分子为标准地号和解析木号，分母为圆盘号和断面高度，如

$\dfrac{\text{No. } 3-1}{1\sim1.3\text{m}}$，根颈处圆盘为 0 号盘，其他圆盘的编号应依次向上编号。此外，在 0 号圆盘上应加注树种、采伐地点和时间等（图 12-1）。

12.3.2　树干解析的内业工作

（1）圆盘的加工

为了准确查数圆盘上的年轮数，须将各号圆盘工作面刨光，然后，通过髓心划出南北和北西两条相互垂直的方向线（图 12-2）。

（2）确定树木年龄

在"0"号圆盘上，分别沿各条半径线查数年轮数，待四条半径线上的年轮数完全一致后，用此确定树木的年龄。如果伐根部位较高，须加上生长达此高度所需的年数。

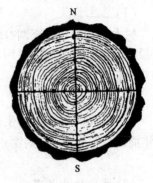

图 12-2　各龄阶的确定

（3）划分龄阶，测量各龄阶的直径

①按树木的年龄大小、生长速度及分析树木生长的细致程度确定龄阶大小，一般可以定为 3 年、5 年或 10 年。在 0 号盘的两条直线上，由髓心向外按每个龄阶（3 年、5 年或 10 年等）标出各龄阶的位置，到最后如果年轮个数不足一个龄阶的年数时，则作为一个不完整的龄阶。

②用大头针在其余圆盘的两条直径线上自外向内标出各龄阶的位置，若有不完整龄阶，则先将不完整龄阶留在圆盘最外围，再向内逐一标出各完整龄阶。如 32 年生的树，以 5 年为一龄阶，其龄阶划分为 32、30、25、20、15、10、5。图 12-3 为该树"0"号圆盘和"Ⅰ"号圆盘的龄阶标定示意图。

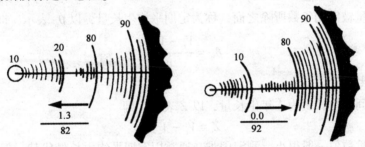

图 12-3　圆盘年轮查数示意

③确定龄阶后，用直尺分别在各圆盘东西和南北两向线上量取各龄阶及最后期间的去皮和带皮直径，平均后，即为该圆盘各龄阶的直径。将各龄阶直径填入表格。

（4）确定各龄阶的树高

树木年龄与各圆盘的年轮数之差，即为达此断面高度的年龄。以断面高为纵坐标，以达此高度所需的年龄为横坐标，标出树高生长过程曲线（连折线不修匀），从曲线上即可查出各龄阶的树高。

（5）绘纵剖面图

以直径为横坐标，以树高为纵坐标，在各断面高的位置上，按各龄阶直径大小、绘纵剖面图。纵剖面图的直径与高度的比例要恰当，纵剖面图有利于直观认识树干的生长情况。

（6）计算各龄阶材积

各龄阶材积等于各区分段材积与梢头材积之和，其梢头长度等于各龄阶树高减去梢头底断面高度。

12.3.3 计算各种生长量及材积生长率

（1）总生长量

树木自种植开始至调查时整个期间累积生长的总量为总生长量，它是树木的最基本生长量，其他种类的生长量均可由它派生而来。设 t 年时树木的材积为 V_t，则 V_t 就是 t 年时的总生长量。

（2）定期生长量

树木在定期 n 年间的生长量为定期生长量，一般以 Z_n 表示。设树木现在的材积为 V_t，n 年前的材积为 V_{t-n}，则在 n 年间的材积定期生长量为：

$$Z_n = V_t - V_{t-n} \tag{12-1}$$

（3）总平均生长量

总平均生长量简称平均生长量，总生长量被总年龄所除之商称为总平均生长量，简称平均生长量。一般以 θ 表示，即

$$\theta = \frac{V_t}{t} \tag{12-2}$$

（4）定期平均生长量

定期生长量被定期年数所除之商，称为定期平均生长量，以 θ_n 表示，即

$$\theta_n = \frac{V_t - V_{t-n}}{n} \tag{12-3}$$

（5）连年生长量

树木一年间的生长量为连年生长量，以 Z 表示，即

$$Z = V_t - V_{t-1} \tag{12-4}$$

连年生长量数值一般很小，测定困难，通常用定期平均生长量代替。但对于生长很快的树种，如泡桐、桉树等，可以直接利用连年生长量。

（6）形数

树干材积与比较圆柱体体积之比称为形数，以 f 表示，即

$$f = \frac{V}{g_{1.3} \cdot h} \tag{12-5}$$

（7）生长率

生长率是树木某调查因子的连年生长量与其总生长量的百分比，它是说明树木相对生长速率的指标。当前，在我国林业研究工作中，均利用普雷斯勒式来计算树木直径、树高及材积等因子的生长率。普雷斯勒以某一段时间的定期平均生长量代替连年生长量，及以调查初期的量 y_{t-n} 与调查末期的量 y_t 的平均值为原有总量 y_t，则生长率计算式为：

$$P_v = \frac{V_a + V_{a-n}}{V_a + V_{a-n}} \cdot \frac{200}{n} \tag{12-6}$$

12.3.4　绘制各种生长曲线图

利用生长过程总表中计算出的数据，绘出各种生长过程曲线(图 12-4)、材积连年生长量和平均生长量关系曲线(图 12-6)及材积生长率曲线。但在绘连年生长量和平均生长量关系曲线时，由于连年生长量是由定期平均生长量代替的，故应以定期中点的年龄为横坐标定点作图。

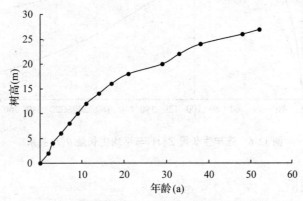

图 12-4　树高生长过程曲线

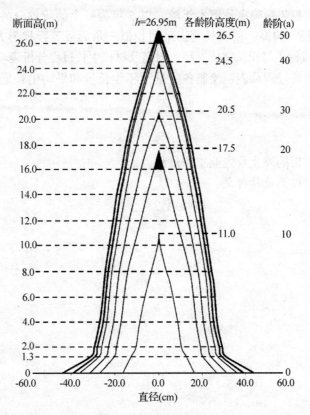

图 12-5　树干纵断面

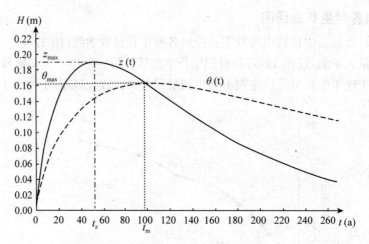

图 12-6　连年生长量 $Z(t)$ 与平均生长量 $\theta(t)$ 关系

12.4　组织与安排

（1）每 3~4 位同学为一组，利用积累的圆盘数据，查数个圆盘上的年轮数、观测各龄阶宽度。

（2）查数 0 号圆盘年龄确定伐倒木年龄，以 5 年为一个龄阶划分龄阶，观测各龄阶胸径，测算各龄阶胸径、树高、梢头长度，采用相似三角形或等腰梯形方法测算梢低直径、梢头材积及不同龄阶树干材积，完成直径、树高及材积生长过程分析表（表 12-1 至表 12-3）。

（3）完成树干生长过程总表、绘制各变量连年生长量和平均生长量曲线图及树高树干纵剖面图。

12.5　思考题

（1）简述树干解析的外业及内业工作过程。

（2）简述生长量种类及其含义。

表 12-1 解析木不同部位直径

样木号	年龄 (a)	胸径 (cm)	树高 (m)	0.00H	0.02H	0.04H	0.06H	0.08H	0.10H	0.15H	0.20H	0.30H	0.40H	0.50H	0.60H	0.70H	0.80H	0.90H

表 12-2　直径、树高及材积生长过程分析

断面高	年轮数	达各高的断面年龄	带皮		去皮		年		年		年		年		年		年		年		材积
			d	v	d	v	d	v	d	v	d	v	d	v	d	v	d	v	
伐根				×		×		×		×		×		×		×		×		×
胸径				—		—		—		—		—		—		—		—		—
梢头	底直径/长度																	—	
树干总材积																			
各龄阶树高																			

表 12-3 树干生长过程总表

年龄	胸径(cm)			树高(m)			材积(cm³)				形数
	总生长量	平均生长量	连年生长量	总生长量	平均生长量	连年生长量	总生长量	平均生长量	连年生长量	生长率(%)	

第 13 章　生物量测定

生物量是指在一定时间内有机体或群落积累的有机质总量，通常以单位面积或单位时间积累的干物质质量或能量来表示。生物量在研究森林生态系统结构与功能、生产力和生产潜力评价、物质循环和能量流动、碳循环和气候变化影响与适应中具有重要意义。然而不同器官生物量及分配规律通常会受到自然因素(光合作用、呼吸作用、枯损与生长等)和人为因素(采伐、修枝等)的影响，因此，世界各国越来越重视对森林生物量的估计、监测和评价，其中生物量建模是一项重要基础工作。在树木生长过程中，各器官生物量生长均呈现异速生长规律，并在生态学和应用环境学研究中广泛应用。不同器官生物量与分配是表征立木生长过程的重要指标，对了解树木变异、预测林火、木材生产及养分循环等具有重要作用，因此对立木不同器官生物量估计及其分配的研究是必须的。

生物量既能表明森林的经营水平和开发利用的价值，同时又反映森林与其环境在物质循环和能量流动上的复杂关系。树木生物量受到诸如林龄、密度、立地条件和经营措施的影响，其变动幅度较大。就同一林分内即使胸径和树高相同的林木，而其树冠大小、尖削度及单位材积干物质质量也不相同。因此，采取有效的方法调查森林生物量，显然是精准提升森林质量中的一项重要工作。

13.1　目的

(1)掌握单株树木主要器官生物量的调查与测定方法。

(2)掌握灌木及草本植物生物量测定方法。

(3)了解回归估计法在估算生物量中的应用方法。

13.2　仪器及用具

轮尺(或胸径尺)、测高器、油锯、手锯、砍刀、卷尺、杆秤、天平、纸袋、记录用表、记录夹、铅笔、计算器等工具。

13.3　方法与步骤

生物量测定方法主要包括树木生物量测定方法及林分生物量测定方法，树木生物量主要为不同器官生物量测定方法，而林分生物量通常采用皆伐实测法、标准木法、回归估计法、光合作用测定法、CO_2 测定法及以遥感技术为基础的估计方法，而本节重点介绍树木生物量测定方法。

树木生物量可以分为地下及地上两个部分。地下部分是指树根系的生物量；地上部分主要包括树干生物量、树枝生物量和树叶生物量。在生物量的测定中，除称量各部分生物量的干重外，有时还要计算它们占全树总生物量干重的百分数，此百分数称为分配比。树干占地上部分的分配比最大(一般为 65%~70%),而枝叶部分的分配比约各占 15%。

　　树木在自然状态下含水时的质量称为鲜重,它是指砍伐后立即称量的质量。干燥后去掉结晶水的质量称为干重。在外业调查中,只能测得树木的鲜重,然后采用各种方法将鲜重换算为干重,最常用的换算方法是计算树木的干重比 P_W,即 $P_W = W_干/W_鲜$,而 $W_干 = W_鲜 \times P_W$,P_W 可用取样测定获得。

13.3.1　树干生物量测定方法

　　(1)木材密度法

　　木材密度是指单位体积的质量,即物质的质量与体积之比值(单位:g/cm^3 或 kg/m^3)。根据含水状况不同,木材密度通常分为 4 种:

　　　　基本密度=绝干材质量/生材(或饱和水)体积

　　　　生材密度= 生材质量/生材(或饱和水)体积

　　　　气干密度= 气干材质量/气干材体积

　　　　绝干密度= 绝干材重/绝干材体积

　　以上 4 种木材密度以基本密度和气干密度两种最为常用。基本密度常用于树干干重的计算,气干密度常泛指气干木材任意含水率时的计算,因所处地区木材平衡含水率或气干程度不同,并有一个范围,如通常含水率在 8%~20%时试验的木材密度,均称为气干密度。在我国常将木材气干密度作为材性比较和生产应用的基本依据。

　　木材密度测定方法通常有:直接量测法、水银测容器法、排水法、快速测定法和饱和含水率法,具体测定方法详见《木材学》。在木材密度已知的条件下,计算树干及大枝干重的方法一般称为木材密度法,常采用两种基本模式:

$$木材干重 = 木材体积 \times 基本密度 \tag{13-1}$$

$$木材干重 = 木材体积 \times 绝干密度 \times 绝干收缩率 \tag{13-2}$$

　　式(13-2)中的绝干收缩率不易确定,因此,多采用式(13-1)来完成数据整理及记录工作。

　　(2)全称重法

　　所谓全称重法就是将树木伐倒后,摘除全部枝叶称其树干鲜重,采样烘干得到样品干重与鲜重之比(P_W),从而计算样木树干的干重。这种方法是测定树木干重最基本的方法,它的工作量极大,但获得的数据更为真实可靠。

　　采用干重比法,根据平均标准木法、分级标准木法、径阶等比标准木法等确定标准木或样木,利用树干解析的方法将确定的标准木或样木的树干分为若干区分段,观测各区分段长度及鲜重,并从各区分段中央位置截取圆盘,观测圆盘鲜重及材积,记录测量结果。合计各区分段鲜重即为树干的总鲜重。

　　将所有圆盘装入塑料袋取回,把试样放入烘箱干燥,一般在 105℃条件下,经 6 h 取出称重,如二次重量有不等,再放入烘箱烘,经 6 h 后取出称重,直到绝干状态。算出每个试样以鲜重为基础的含水率(或干重与鲜重之比),再通过干重比(干重与鲜重之比值 P_W)把鲜重换算成绝干重。

$$W_干 = W_鲜 \times P_W \tag{13-3}$$

式中　P_W——样品干重与鲜重之比；

　　　$W_{鲜}$——样品鲜重；

　　　$W_{干}$——样品干重。

13.3.2　枝、叶生物量测定方法

测定树木枝、叶生物量有两种主要方法分别为：标准枝法和全部称重法。所谓标准枝法是指在树木上选择具有平均树枝基径与平均枝长的枝条，观测其枝、叶重用于推算整株树枝、树叶的质量。根据标准枝的抽取方式，该法又可分为：平均标准枝法和分级标准枝法。

（1）平均标准枝法

①树木伐倒后，测定所有树枝的基径和枝长，计算基径和枝长的算术平均值。

②以基径和枝长的算术平均值为标准，选择标准枝，标准枝的个数根据调查精度确定，同时要求标准枝上的叶量是中等水平。

③分别称其枝、叶鲜重，并取样品。

④按下式计算全树的枝重和叶重。

$$W = \frac{N}{n} \sum_{i=1}^{n} W_i \qquad\qquad (13\text{-}4)$$

式中　N——全树的枝数；

　　　n——标准枝数量；

　　　W_i——标准枝的枝鲜重或叶鲜重；

　　　W——全树的枝鲜重或叶鲜重。

（2）分层标准枝法

当树冠上部与下部树枝的粗度、长度、叶量变动较大时，可将树冠分为上、中、下 3 层，在每一层抽取标准枝，根据每层标准枝算出各层枝、叶的鲜重质量，然后将各层枝、叶质量相加，得到树木枝、叶鲜重。由于将树冠分为上、中、下 3 层分别抽取标准枝，因此该方法能够较好地反映出树冠上、中、下枝和叶的质量，对树冠枝和叶的质量估计较平均标准枝法准确。另外，在测算过程中，可以通过烘干的方法，测得枝、叶生物量的干重。

（3）全称重法

具体方法与树干质量的全称重法相同。

13.3.3　树根质量测定方法

树根质量的测定方法可分为两类：一类是测定一株或几株树木的根质量以推算单位面积的生物量；另一类是测定已知面积内的根生物量用面积换算为林分的生物量。前一种方法要求在根的伸展范围内，能明确区分出哪些根是应测定的；后一种方法则测定已知面积内全部根生物量，而不论它属于哪一株树。

（1）取样方法

①全挖法　是以所选样木树干基部为中心向四周辐射，将该样木所有根系挖出，并量测挖掘面积，称量挖出根系的鲜重，随后取样带回烘干，计算含水率，推算单位面积的生

物量。

②设置样方法　首先，以伐桩为中心作边长等于平均株距的正方形样方，在样方内依次作半径为 1/4 平均株距和 1/2 平均株距的同心圆，小圆的编号为"1"，大圆编号为"2"，样方的其他部分编号为"3"；其次，将样方由地表向下垂直划分层次，各层次的厚度可以不相等，上层较薄(10~15 cm)，下面的层可较厚(30~50 cm)。各层的编号由上而下分别为Ⅰ，Ⅱ，Ⅲ，…。

(2)树根分级

按树根直径的粗细将树根划分为：粗根、大根、中根、小根、细根 5 级，每级的距离和名称见表 13-1 所列，中根(大于 0.5 cm)以上全部称重，细根(小于 0.2 cm)及小根(0.2~0.5 cm)其重量虽不大，但数量极多，很容易遗漏，可在样方内获取一定大小的土柱，在土柱内仔细称量这两类根的质量。

表 13-1　树根分级

级别	细根	小根	中根	大根	粗根
直径(cm)	<0.2	0.2~0.5	0.5~2.0	2.0~5.0	>5.0

(3)根质量的测定

从每个区划中仔细地挖出根，清除泥土，剔除多余的灌木及草本植物的根，然后按标准分级，小根及细根所带泥土较多，应放于土壤筛中筛去泥土，将清理后的根带回室内，用水冲洗阴干至初始状称鲜重，采样，在 65~85℃条件下烘干求得干重。

13.3.4　灌木、草本生物量测定

灌木、草本生物量测定一般采用样方法，样方面积一般为 1 m×1 m，每个样地共设 9 个样方：样地中心 1 个，四个角各 1 个，四个边中间各 1 个。将每个样方内的所有幼树和灌木砍下，草本全部拔出，分别称重，然后相加得 9 个样方的灌木和草本重。最后，取样(幼树和灌木各 1 000 g，草本 500 g)。取样时，要照顾到幼树、灌木及草本的大小程度。

室内同样利用含水率法求出 9 个样方的灌木和草本的干重，然后除以 9 再乘以样地面积，即得整个样地的灌木和草本的生物量。

13.3.5　回归估计法

回归估计法是以模拟林分内每株树木各分量(干、枝、叶、皮、根等)干物质质量为基础的一种估计方法。它是通过样本观测值建立树木各分量干重与树木其他测树因子之间的一个或一组数学表达式，该数学表达式也称林木生物量模型。表达式一定要尽量反映和表征树木各分量干重与其他测树因子之间内在关系，从而达到用树木易测因子的调查结果，来估计不易测因子的目的。回归估计法是林分生物量测定中经常采用的方法之一。

(1)生物量模型构建

树木生物量异速生长模型的基本形式可描述为 $Y=\beta_0 X_1^{\beta_1}+\beta_1 X_2^{\beta_2}+\cdots+X_P^{\beta_P}+\varepsilon$，考虑到模型中自变量个数，通常把模型分为一元(胸径)、二元(胸径、树高)和多元(胸径、树高、冠幅、密度等)模型，其中二元生物量模型预测效果最好且自变量容易观测。因此，本文以二元生物量模型为基础模型进行研究。由于各器官生物量模型误差具有相关性，利用非线

性似乎不相关回归法进行参数估计要比普通最小二乘法更为准确，该方法不仅保证了各分量生物量方程的可加性(即生物量相容性)，同时还考虑了各分量之间的相关性，模型表达式见[式(11-1)]。

$$
\begin{cases}
w_{gan} = a_1 DBH^{a_2} H^{a_3} + \varepsilon \\
w_{zhi} = b_1 DBH^{b_2} H^{b_3} + \varepsilon \\
w_{ye} = c_1 DBH^{c_2} H^{c_3} + \varepsilon \\
w_{gen} = d_1 DBH^{d_2} H^{d_3} + \varepsilon \\
w_t = w_{gan} + w_{zhi} + w_{ye} + w_{gen} + \varepsilon
\end{cases}
\tag{13-5}
$$

式中　w_{gan}，w_{zhi}，w_{ye}，w_{gen}，w_{gan}，w_{td}，w_t——表单木的树干、树枝、树叶、树根、树冠、地上及总生物量(kg/株)；

$\quad\quad DBH$——胸径(cm)；

$\quad\quad H$——树高(m)；

$\quad\quad a_i$，b_i，c_i，d_i——模型参数；

$\quad\quad \varepsilon$——误差项。

(2)生物量分配预测模型

在回归分析中，若因变量是取值范围在(0，1)区间的比例数据时，即因变量服从 β 分布，利用经典线性回归(普通最小二乘法和广义最小二乘法)进行预测研究时，由于比例数据之间存在异方差，其预测值通常在(0，1)区间之外，预测效果较差。利用 β 分布回归模型对因变量为比例的数据进行建模，能够克服以上问题且所产生的均方根误差和绝对偏差均较小。在林业相关研究中，常运用 β 分布回归来估计林冠郁闭度和灌木盖度，Poudel 基于 β 分布回归建立了花旗松(Douglas-fir)和美国黑松(Lodgepole pine)不同器官生物量分配与预测模型。立木各器官生物量具有较大的相关关系，假设立木总生物量为1，各器官分配比例在(0，1)区间范围内，并服从 β 分布，其密度函数为：

$$
f(y; \mu, \varphi) = \frac{\Gamma(\varphi)}{\Gamma(\mu\varphi)\Gamma[(1-\mu)\varphi]} y^{\mu\varphi-1} (1-y)^{(1-\mu)\varphi-1}
\tag{13-6}
$$

式中　$y \sim \beta(0, 1)$；

$\quad\quad \varphi > 0$——尺度参数；

$\quad\quad \mu$——平均参数，$0 < \mu < 1$；

$\quad\quad \Gamma(.)$——伽玛函数，因变量均值和方差可表示为：$E(y) = \mu$，$var(y) = [\mu(1-\mu)]/(1+\varphi)$。

假定 y_1，y_2，…，y_n 为随机样本，$y_i \sim \beta(\mu_i, \varphi)$，$\beta$ 回归模型可写成：

$$
g(\mu_i) = x_i\beta = \eta_i
\tag{13-7}
$$

式中　$g(\mu_i)$——连接函数；

$\quad\quad x_i$——p 维变量；

$\quad\quad \beta$——回归系数。

多项 logistic 模型是在响应变量类别之间不存在序次关系时，基于最大似然估计法来预测各类别发生概率，多用于经济学领域概率估计，在生态学领域应用较少。本研究基于

Beta 分布的广义多项 logistic 模型来建立单木水平各器官生物量分配比例模型，保证器官生物量概率分布在(0，1)区间内且各项之和为 1，不同器官生物量分配模型可用公式表示。

$$p_{gan} = \frac{e^{a_1+a_2 x}}{1 + e^{a_1+a_2 x} + e^{b_1+b_2 x} + e^{c_1+c_2 x}} \tag{13-8}$$

$$p_{zhi} = \frac{e^{b_1+b_2 x}}{1 + e^{a_1+a_2 x} + e^{b_1+b_2 x} + e^{c_1+c_2 x}} \tag{13-9}$$

$$p_{ye} = \frac{e^{c_1+c_2 x}}{1 + e^{a_1+a_2 x} + e^{b_1+b_2 x} + e^{c_1+c_2 x}} \tag{13-10}$$

$$p_{gen} = \frac{1}{1 + e^{a_1+a_2 x} + e^{b_1+b_2 x} + e^{c_1+c_2 x}} \tag{13-11}$$

式中　p_{gan}，p_{zhi}，p_{ye}，p_{gen}——树干、树枝、树叶、树根的生物量占总生物量比例；

a_i，b_i，c_i——模型参数；

x——各器官生物量(kg/株)。

13.4　组织与安排

(1)每 4~6 位同学为一组，根据研究目的选择对象木伐倒，观测树木不同器官生物量。

(2)完成树木生物量调查表格(表 13-2、表 13-3)。

13.5　思考题

(1)如何测定树木树干生物量？在测定树干生物量时，应注意哪些问题？

(2)如何测定树枝、树叶及树根生物量？

表 13-2 树干生物量测定

区分段号 (m)	带皮干鲜重 (kg)	树皮鲜重 (kg)	去皮干鲜重 (kg)	带皮干样品鲜重 (g)	带皮干样品干重 (g)	皮样品鲜重 (g)	皮样品干重 (g)	带皮干重 (g)	树皮干重 (g)	去皮干干重 (g)	备注

表 13-3　枝叶生物量测定

层号	轮枝号	枝号	带枝叶鲜重(g)	叶鲜重(g)	去叶枝鲜重(g)	一年生枝鲜重(g)	多年生枝鲜重(g)	带叶枝干重(g)	叶干重(g)	去叶枝干重(g)	一年生枝干重(g)	多年生枝干重(g)	备注
上层													
中层													
下层													

第 14 章　角规测树

角规是以一定视角构成的林分测定工具。应用时，按照既定视角在林分中有选择地计测为数不多的林木就可以高效率地测定出有关林分调查因子。角规测树是我国对这类方法的通用名称，国际上较为常用的名称有：角计数调查法、角计数样地法、无样地抽样、可变样地法、点抽样、线抽样等。角规测树理论严谨，方法简便易行，只要严格按照技术要求操作，便能取得满意的调查结果。因此，角规测树是一种高效、准确的测定技术。

14.1　目的

(1)熟悉不同种类角规的基本构造、工作原理及使用方法。
(2)基于常用角规仪器，掌握林分断面积、蓄积量及林分密度测算技术与方法。

14.2　仪器及用具

自平杆式角规、林分速测镜、望远速测镜、三脚架、卷尺、胸径尺、记录表、文件夹等。

14.3　方法与步骤

14.3.1　角规测定林分断面积

角规器种类较多，工作原理基本相同。本节重点介绍由南通光学仪器厂生产的 LZG-1 型自平杆式角规，是在简易杆式角规的基础上作了两点重大改进。首先，角规改为杆长可变，具有两种比例的不锈钢拉杆，不用时拉杆可套缩起来，便于携带。使用时，按照选定的断面积系数的要求，将拉杆拉到规定的长度，即可观测使用。其次，具有自动改正坡度的功能，即将角规一端的金属片缺口改为可在上下垂直方向上能自由转动的半圆形金属曲线缺口圈，圈的下端附有一个较重的平衡座，以保证金属缺口圈始终保持与地面成垂直状态。在角规拉杆成水平状态时，金属圈内与角规杆先端截口相切处的缺口宽度为 1 cm，对应的拉杆长度为 50 cm，即断面积系数 $F_g = 1$。当坡度为 θ 时，拉杆与坡面平行，其倾斜角也为 θ，金属圈也相应转动 θ，金属圈内的缺口宽度 l 相应变窄成为 $l \cdot \cos(\theta)$ 值($l = 1.0$ cm)。用此角规测器观测时，可依每株树干胸高与观测者立于样点处的眼高之间形成倾斜角 $\theta°$ 逐株自动进行坡度改正，所计数的树木株数就是改正成水平状态后的计数值，再乘以断面积系数即得到林分每公顷胸高总断面积。本仪器观测的方便程度基本上同于简易杆式角规测器，但却能自动改正坡度，颇为实用(其具体形状如图 14-1 所示)。

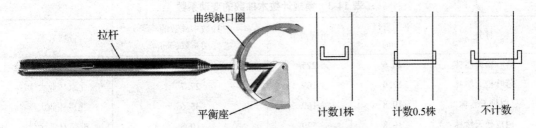

图 14-1　自平杆式角规构造及计数方法

（1）断面积系数确定

断面积系数愈小，计数木株数愈多，精度也相应较高。但因其观测最大距离较大，疑难的边界树和被遮挡树也会增多，影响工效并容易出错。如选用大断面积系数，其优缺点恰好相反。因此，要根据林分平均直径大小、疏密度、通视条件及林木分布状况等林分特征因子选用适当大小的断面积系数（表 14-1）。

表 14-1　林分特征与选用断面积系数参照表

林分特征	F_g
平均直径 8~16 cm 的中龄林，任意平均直径但疏密度为 0.3~0.5 的林分	0.5
平均直径 17~28 cm，疏密度为 0.6~1.0 的中、近熟林	1.0
平均直径 28 cm 以上，疏密度 0.8 以上的成、过熟林	2 或 4

毕特利希（W. Bitterlich，1959）建议采用断面积系数 $F_g = 4$（m^2/hm^2）的角规，每个角规点计数木一般以 5~15 株为宜，我国常采用 $F_g = 1$ 或 2（m^2/hm^2）。选用 F_g 时应特别注意，对不同林分可采用不同的 F_g 值，但对于以一定森林面积作为调查总体的森林抽样调查，在一个总体内必须采用同一个 F_g 值，否则会由于抽样强度不同而使总体估计值产生偏差。

（2）角规点数的确定

在林分调查时，如果采用典型取样，可参考表 14-2 中的规定角规观测点数，每个角规点的位置要选定对林分有代表性的位置，避免在过疏或过密处设置角规点。

表 14-2　林分调查角规点数的确定（$F_g = 1$）

林分面积（hm^2）	1	2	3	4	5	6	7~8	9~10	11~15	>16
角规点个数	5	7	9	11	12	14	15	16	17	18

如采用随机取样进行林分调查，角规点数取决于所调查林分的角规计数木株数的变动系数与调查精度要求。表 14-3 列出了一些林分的角规计数木株数的变动系数试验资料，如按变动系数平均 30% 考虑，若以 95% 的可靠性抽样精度达到 80% 时，常设置 9 个角规点；若抽样精度要求达到 90% 时，则需设置 36 个角规点。

在大面积森林抽样调查中，角规点数的确定同样取决于调查总体的角规计数木株数变动系数和调查精度要求。

表 14-3　角规计数木株数的变动系数

林分	平均直径（cm）	角规点数	计数木株数的变动系数(%)	资料来源
落叶松天然林	20.6	225	33.7	北京林业大学
落叶松天然林	17.0	169	27.7	北京林业大学
白桦天然林	19.8	169	35.6	北京林业大学
白皮松天然林	10.8	529	10.3	北京林业大学
黄山松天然林	14.3	30	33.0	河南农业大学
落叶松天然林	6.0	625	48.7	北京林业大学

（3）角规绕测技术

采用角规测器在角规点绕测 360°是最常用的方法，该方法最简单，但必须严格要求，认真操作，才能保证精度。绕测时必须注意以下几点：

①测器接触眼睛的一端，必须使之位于角规点的垂直线上。在人体旋转 360°时，要注意不要发生位移。

②角规点的位置不能随意移动。如待测树干胸高部位被树枝或灌木遮挡时，可先观测树干胸高以上未被遮挡的部分，如相切即可计数 1 株，否则需将树枝或灌木砍除，如被大树遮挡不便砍除而不得不移动位置时，要使移动后的位点到被测树干中心的距离与未移动前相等，测完被遮挡树干后仍返回原点位继续观测其他树木。

③要记住第一株绕测树，最好作出标记，以免漏测或重测。必要时可采取正反绕测两次取两次观测平均数的办法。

④仔细判断临界树。与角规视角明显相割或相余的树是容易确定的，而接近相切的临界树往往难以判断，需要通过实测确定。

（4）角规控制检尺

在需要精确测定或者复查确定林木动态变化时，可采用角规控制检尺方法。根据选定的断面积系数，用围尺测出树干胸高直径，用皮尺测出树干中心到角规点的水平距离 S，并根据水平距离 S 与该树木的样圆半径 R 的大小确定计数木株数。即

若树干胸径 d，样圆半径 R 和断面积系数 F_g 之间的关系为：

$$R = \frac{50}{\sqrt{F_g}}d \qquad (14\text{-}1)$$

由此式可知：

$F_g = 0.5(\text{m}^2/\text{hm}^2)$ 时，	$R = 70.70d$
$F_g = 1$ 时，	$R = 50d$
$F_g = 2$ 时，	$R = 35.35d$
$F_g = 4$ 时，	$R = 25d$

这样，只要测量出树木胸径 d 及树木距角规点的实际水平距离 S，根据选用的断面积系数 F_g，利用式（14-1）计算出该树木的样圆半径 R，则可视 S 与 R 值的大小关系即可作出计数木株数的判定，即

当 $S<R$，计为 1 株

当 $S=R$，计为 0.5 株

当 $S>R$，不计数

例如，某树干胸径 $d=20$ cm，如取以 $F_g=1$，则 $R=10$ m，样点到该树干中心的水平距离 S 如小于 10 m 则计数 1 株，等于 10 m 计数 0.5 株，大于 10 m 不计数。如取 $F_g=4$，则 $R=5$ m，实际水平距 S 小于 5 m 计 1 株，等于 5 m 计 0.5 株，大于 5 m 不计数，其余类推。具体算例见表 14-4 中所列。

表 14-4　角规控制检尺结果

树木号	1	2	3	4	5	6	7	8	9
树木胸径(cm)	5.8	7.3	9.6	12.7	16.8	24.3	28.4	32.2	29.5
树距样点水平距(m)	3.0	4.2	3.8	5.3	5.9	11.2	7.1	16.1	6.8
$F_g=1$ 应计数木	—	—	1	1	1	1	1	0.5	1
$F_g=4$ 应计数木	—	—	—	—	—	—	0.5	—	1

根据表 14-4 角规控制检尺结果，可以推算该林分每公顷断面积 G，即：当采用 $F_g=1$ 时，角规计数木数 $Z=6.5$，则：

$$G=F_g \cdot Z=1 \times 6.5=6.5(\text{m}^2/\text{hm}^2)$$

当采用 $F_g=4$ 时，$Z=1.5$，则 $G=F_g \cdot Z=4 \times 1.5=6.0(\text{m}^2/\text{hm}^2)$

在同一测点上，使用不同 F_g 值角规所得到的林分每公顷断面积不一致，这是正常的现象。这因为 F_g 值不同，则意味着样圆面积不同。对于固定面积的标准地(或样地)，在同一林分中，因标准地(或样地)面积不同时，所得到的调查结果也不会完全相同。

（5）边界样点的处理

在典型取样调查时，角规点不要选在靠近林缘处，如靠近林缘，则绕测一周时，样圆的一部分会落到所调查的林分之外。角规点到林缘的最小距离 L 要大计算得到的 R，此时式中的 d 应是林分中最粗树木的直径 d_{max}。

在随机抽样调查中，样点位置是随机确定的，必有一些样点落在调查总体内但靠近林缘的位置，不能人为主观地随意移动点位。如边界变化复杂，可根据现地具体情况，绕测 30°、60°、90° 或 120°，再把计数株数分别乘以 12、6、4、3。由于总体内落在靠近边界的样点数相对较少，这样做的结果对总体估计不会产生大影响。

14.3.2　用角规测定林分单位面积株数和蓄积量

（1）一般通式

格罗森堡(1958)提出了用角规测算单位面积上任意量 Y 的一般通式：

$$Y=F_g \sum_{j=1}^{Z} \frac{y_j}{g_j} \tag{14-2}$$

式中　Y——所调查林分的每公顷的调查量；

$\quad\quad F_g$——断面积系数；

$\quad\quad y_j$——第 j 株计数木的调查量；

$\quad\quad g_j$——第 j 株计数木的断面积；

Z——计数木株数。

式中的 y_j 之所以被 g_j 除是因为角规观测的抽样概率与断面积成比例。

根据式(14-2)，如调查量 Y 是每公顷断面积时，即 $y_j = g_j$，则

$$G = F_g \sum_{j=1}^{Z} \frac{g_j}{g_j} = F_g \cdot Z \, (\mathrm{m^2/hm^2}) \qquad (14\text{-}3)$$

如调查量是每公顷蓄积量 M，即 $y_j = V_j$，则式(14-2)成为：

$$M = F_g \sum_{j=1}^{Z} \frac{V_j}{g_j} = F_g \sum_{j=1}^{Z} (hf)_j \qquad (14\text{-}4)$$

即计数木的形高之和 $\sum_{j=1}^{Z} (hf)_j$ 乘以断面积系数为每公顷蓄积量。

如调查量是每公顷林木株数 N，则式(14-2)成为：

$$N = F_g \sum_{j=1}^{Z} \frac{Z_j}{g_j} \qquad (14\text{-}5)$$

(2)每公顷株数测定

为求得每公顷林木株数 N，需测定每株计数木的直径实测值和所属径阶。设林分中林木共有 K 个径阶，其中第 j 径阶的计数木株数为 Z_j，该径阶中值的断面积为 g_j，则该径阶的每公顷林木株数 N_j 为：

$$N_j = \frac{F_g}{g_j} Z_j \qquad (14\text{-}6)$$

各径阶林木株数 N_j 之和即为林分每公顷林木株数 N，则：

$$N = F_g \sum_{j=1}^{k} \frac{1}{g_j} Z_j \qquad (14\text{-}7)$$

见表14-5所列。

根据表14-5中数据，如不分径阶求林分每公顷株数 N 时，可按式(14-5)计算，即每

表14-5 用角规测算每公顷林木株数计算表($F_g = 1$)

计数木号	胸径(cm)	$\frac{1}{g_j}$	径阶	$\frac{1}{g_j}$	Z_j	各径阶株数 $N_j = F_g \dfrac{Z_j}{g_j}$
1	12.8	77.70				
2	17.3	42.54				
3	20.2	31.20	12	88.42	1	88.42
4	19.5	33.49	16	49.73	2	99.46
5	20.7	29.72	18	39.29	2	78.58
6	18.9	35.64	20	31.83	4	127.32
7	19.3	34.18				
8	16.6	46.21				
9	15.3	54.38				
合计		385.06		209.27		394

公顷株数 N 为：

$$N = F_g \sum_{j=1}^{z} \frac{Z_j}{g_j} = 1 \times 385 = 385(\text{株})$$

如分别径阶计算时，则按式(14-7)计算，12 cm、16 cm、18 cm 各径阶的株数分别为 88 株、100 株、79 株、127 株，林分每公顷总株数为 394 株。

（3）每公顷蓄积的测定

林分蓄积量等于林分各径阶（如 K 个径阶）林木材积之和，即 $M = \sum_{j=1}^{K} V_j$，而 $V_j = f_i g_j h_j = g_j(fh)_j$，则 $M = \sum_{j=1}^{K} g_j(fh)_j$，用角规控制检尺测定林分蓄积量时，$g_j$ 为角规计数木数 Z_j 与角规断面积系数 F_g 之积，即 $g_j = F_g \cdot Z_j$。而 $(hf)_j$ 值则依据角规计数木的直径所在径阶值，由一元形高表（或一元材积表）中查出相应的径阶形高值代替（表14-6）。这样，采用角规控制检尺测定每公顷林分蓄积计算公式为：

$$M = F_g \sum_{j=1}^{K} Z_j \cdot (fh)_j \tag{14-8}$$

当在林分中设 n 个角规控制检尺点时，其计算公式为：

$$M = \frac{F_g}{n} \sum_{i=1}^{n} \sum_{j=1}^{k} z_{ij} \cdot (fh)_{ij} \tag{14-9}$$

表 14-6　角规控制检尺计算林分每分顷蓄积量（$F_g = 1$）

径阶	单株材积（m³）	断面积（m²）	形高	计数株数	每公顷蓄积量（m³）
6	0.013 1	0.002 83	4.629	1	4.629
8	0.024 5	0.005 03	4.871	1	4.871
10	0.039 9	0.007 85	5.083	2	10.166
12	0.059 4	0.011 31	5.252	5	26.260
14	0.083 1	0.015 39	5.400	3	16.200
合计					62.126

如没有适用的一元形高表，可由一元材积方程利用 $fh = V/g$ 的关系导引出一元形高表。

14.4　组织与安排

（1）每 4~6 位同学为一组，根据研究的需要可按随机抽样或典型抽样的原则设置角规点，确定适宜的断面积系数及角规点数。

（2）根据角规测树的测算原理，测算完成单位面积断面积、株数及蓄积量并填写角规测树调查表格（表14-7）。

14.5　思考题

（1）正确使用角规测树技术的要求是什么？

（2）用角规测树技术测定林分蓄积量的方法及步骤？

表 14-7　角规测树记录表

相切、相割计数株数统计

径阶	第一观测点			第二观测点			第三观测点			第四观测点			第五观测点			总平均值	形高	径阶株数
	正转	反转	平均	正转	反转	平均	正转	反转	平均	正转	反转	平均	正转	反转	平均			
																G/hm^2	M/hm^2	N/hm^2

第 15 章　非木质森林资源调查

　　资源是指人类可以利用来产生使用价值的物质和资料的总称，是以人类为核心，与人类社会发展密切相关，可被直接利用或具有潜在利用性的内容，包括矿产、森林、水力、海洋、生物等自然资源，以及信息、人力等社会资源。

　　自然资源是可以被人类利用的自然状态的物质。对自然资源可以作狭义和广义两方面理解。狭义的自然资源只是指可以被人类利用的自然物。广义的自然资源则要延伸到这些自然物所赖以生存、演化的生态环境。最有代表性的广义解释是联合国环境规划署于1972 年提出的：“所谓自然资源，是指在一定时间条件下，能够产生经济价值以提高人类当前和未来福利的自然环境因素的总和”。其中，植物资源是自然资源中重要的组成部分。我国著名学者吴征镒等把我国植物资源按用途划分为食用植物资源、药用植物资源、工业用植物资源、保护和改造环境用植物资源、种质资源等五大类。

　　食用植物资源是指直接或间接为人类食用的植物资源。间接为人类食用的植物资源是指其产品被人类食用的植物资源。食用植物资源主要包括淀粉植物资源、蛋白类植物资源、食用油脂植物资源、维生素植物资源、饮料植物资源、食用色素植物资源、食用香料植物资源、植物甜味剂植物资源和饲料植物资源。

　　药用植物资源指在一定社会和一定经济条件下，被人们认识的、并可能加以开发利用的植物资源中对人体具有医疗、保健作用，以及具有杀虫、杀菌、除草等功效的各种植物的总称。其主要特点是植物体内含有生物活性物质，在医学上用于防病治病。我国国土辽阔、自然环境复杂多样，药用植物资源储量丰富、种类繁多。

15.1　目的

　　我国森林资源调查始终侧重于木材资源和林地资源，对林下分布的山野菜、山野菌等非木质资源调查重视不够，随着我国重点国有林区天然林全面停伐，通过非木质森林资源实现收入增长，是林业工作者的重要问题。解决这个问题，要做好非木质森林资源调查，主要调查因子包括非木质森林资源的种类、数量、面积、分布等。要做好非木质森林资源调查，主要调查因子包括非木质森林资源的种类、数量、面积、分布等。

　　非木质森林资源调查是对某一地区的一个或者多个物种进行量化的过程，开展非木质资源调查与研究，有助于推进森林生态系统稳定、生物多样性保护与社会经济的和谐发展。在实际工作中，非木质森林资源调查目的包括以下几个方面：

　　①确定非木质森林资源(尤其是已具规模、较有特色或较具潜力的非木质资源)的具体分布区域，不同类型非木质森林资源的起源、数量、可及度等，确定有待开发的非木质森林资源。

　　②对非木质森林资源进行分类经营，确定不同类型与用途的非木质森林资源优势、市

场需求与生产利用情况等。

③调查非木质森林资源收获的程度及收获对生态系统的影响，初步建立森林经营管理与非木质资源生产能力的关系模型等。

④对非木质森林资源利用产生的社会、经济和文化的作用与影响做出评估，包括正面与负面的影响。如人们日常生活对非木质林产品采集的依赖程度，及其在当地经济生活中所处的地位，掌握非木质林产品对森林资源管理和生物多样性保护带来的负面影响。

⑤对非木质森林资源的发展方向、目标与前景进行分析评估。分析不同类型非木质林产品采集数量、质量的变化情况及今后的变化趋势。

⑥市场价格波动与非木质森林资源采集活动之间的互动关系，市场前景及经济效益。

⑦当地政府对非木质森林资源的管理活动(政策、措施、项目、税收、技术服务)情况及这些管理活动对村民采集非木质森林资源的影响。

⑧分析在非木质森林资源调查、研究、采集、利用、流通、贸易、发展等方面存在的主要问题。

15.2 调查内容

非木质森林资源调查是对某一地区的一个或者多个物种进行量化的过程，开展非木质林产品的林分调查与研究，对于更好地推进森林生态系统稳定性、生物多样性保护与社会经济和谐发展具有重要作用。在实际林分调查中有以下几个目的：确定该地区非木质资源种类、数量、分布与利用状况；调查非木质资源收获的程度及收获对生态系统的影响；估计林分非木质森林资源的生产能力，构建森林经营管理与非木质资源生产能力的关系模型等。

从森林环境上看，林分是乔木、灌木、草本、土壤、气候及微生物等环境因子的有机体。林分环境与非木质资源分布、产量及质量等密切相关，因此，在研究林分非木质资源工作过程中，必需详尽调查林分环境因子，要对经济价值较大且面积大、分布广的资源进行详细调查。主要包括：资源所处位位置及地理位置(经纬度)，林班、小班；分布面积；资源规模，主要伴生资源；森林分类经营类型；生境条件(包括林种构成、郁闭度、土壤、海拔等)；开发利用情况；主要产品及产量情况；道路、交通情况。对尚未大规模开发利用，但具有潜在经营价值，且集中分布的资源以一般性普查为主，仅调查资源位置、面积情况和产量状况。

15.3 方法与步骤

15.3.1 非木质森林资源类型划分

对于木材以外的森林资源，我国学者的研究中多称之为非木质森林资源，国外研究学者使用非木材林产品的较多，以及非木质林产品、林副产品、多种利用林产品和特殊林产品等名称。非木质森林资源和非木材林产品在本质上是一样的，非木质森林资源的范围更广。非木质森林资源第一次被提出并使用是在 1989 年，当时被定义为"人类从森林中获取的除木材之外的所有生物资源"。不同研究者对非木质森林资源有着不同的定义，这取决于研究者的研究方向和目的。联合国粮食及农业组织(FAO)在泰国曼谷召开的"非木材林产品专家磋商会"上，将非木材林产品定义为森林中或任何类似用途的土地上生产的所有可更新的产品(木材、薪材、木炭、石料、水及旅游资源不包括在内)，主要包括纤维产品、可食用产品、药用植物及化妆品、植物中的提取物、非食用性动物及其产品等。FAO把非木材林产品划分为两大类，即适合于家庭自用的产品种类和适合于进入市场的产品种类。前者是指森林食品、医疗保健产品、香水化妆品、野生动物蛋白质和木本食用油，后者是指竹藤编织制品、食用菌产品、昆虫产品(蚕丝、蜂蜜、紫胶等)、森林天然香料、树汁、树脂、树胶、糖汁和其他提取物。从广义角度看，还包括食用性动物、森林景观及旅游资源等。

根据国际上常用的分类方法，结合我国实际情况，调查中将非木质森林资源按以下方法进行类型划分：

(1)按生命周期划分

按生命形式把非木质森林资源分为多年生物种和产品、多年生物种的周期性产品和一年生物种。多年生资源包括乔木资源(如树脂、树皮等)和非乔木资源(攀缘植物和非攀缘植物，如棕榈、竹子等)；多年生物种的周期性产品包括浆果、坚果、种子、叶子等；一年生物种包括草本植物、食用菌类等。

(2)按用途划分

根据目前我国对非木质森林资源利用的情况，可以把非木质森林资源分为以下几类：

①木本油料   如油茶、文冠果、木姜子、马桑等。

②木本脂、生漆和蜡、虫胶   如油桐、漆树等。

③林产香料   如山苍子油、桉油等。

④浆果   如中华猕猴桃、沙棘、树莓、越橘、无花果等。

⑤食用菌和山野菜   如松茸、木耳、蘑菇、蕨菜、蒲公英等。

⑥坚果   如山核桃、榛子、松籽等。

⑦森林药材   如天麻、杜仲、小连翘、荨麻、金莲花等。

⑧森林饲料   如松针粉饲料等。

⑨竹藤产品   如笋、藤制品等。

⑩森林花卉等。

15.3.2 非木质森林资源特点

非木质森林资源的调查相对于木材资源来说更为复杂，不同的资源种类性质也各不相同，不仅分布模式不同，而且计量方式也有所不同，归纳起来非木质森林资源有以下特点：

(1)稀有性

非木质森林资源的贮量与分布差异较大，有些非木质森林资源比较稀有，如珍稀菌类与珍贵药材，在广阔的森林中分布稀少，即使发现，资源在调查区内的分布也不是随机的，而是呈现一定的规律和特征，不能应用传统的资源调查方法，需要选择有针对性的方法来调查。

(2)隐蔽性

在草本植物和苔藓类调查中，很多资源个体较小或是容易被遮盖住，加大了调查难度与复杂性。

（3）季节性

非木质森林资源利用植株器官有根、茎、叶、花、果实、种子、树皮等，而各器官发育成熟期各不相同，这就要求调查要根据对象选择合适的时机。如花的调查适宜在春、夏季，种子的调查则一般在秋季。

（4）收获程度

在乔木和灌木资源利用中，对于花、果实、种子、树皮、树枝等采集都是依据人为的经验来控制采集量，没有一定的标准来参考，很难确定整个植株的收获水平。

15.3.3 非木质森林资源调查一般方法

15.3.3.1 调查前的准备工作

调查的准备工作是顺利完成调查任务的重要基础，明确调查的范围、调查内容，调查开始前搜集和分析有关资料，准备调查工具，调查方法，制订调查的计划的过程。

（1）确定调查地点和时间

调查地点，可选择本地有代表性的地方作为调查点。所谓具有代表性，是指在生境和植被方面，能代表本地的生境特点和植被类型。调查时间，在时间安排上，最好选择周年定期的方式，即在4~10月植物生活期间进行调查。

（2）资料的收集

搜集调查地区有关非木质资源调查、利用等现状和历史资料，包括文字资料和各种图件资料，如野生植物资源分布图等；了解调查地区野生植物资源种类、分布及利用现状，以及以前的调查结果。搜集调查地区有关植被、土壤、气候等自然环境条件的文字资料和图件资料，包括植被的分布图，土壤分布图等；分析了解调查地区野生植物资源生产的社会经济和技术条件。

（3）调查工具

①测量观测用的仪器设备　主要有 GPS 定位系统，数码相机（普通相机也可）、罗盘、皮尺、树木测高仪、测绳等。

②采集标本用设备　采集袋标本夹、野外记录表、枝剪和各种采集刀、铲具、铅笔、标签等。

③调查记录表格的准备　野外植被调查的样地（样方记录总表）。包括植物群落野外样地记录总表、乔木层野外样方记录表、灌木层野外样方记录表、草本层野外样方记录表。

15.3.3.2 确定调查方法

（1）踏查

对调查地区或区域进行全面概括了解的过程，一般通过在有代表性的调查区中，选择地形变化大，植被类型多，植物生长旺盛的地段设置踏查路线进行线路调查，目的在于对调查地区资源分布的范围、气候特征、地形地貌、植被类型、土壤类型以及资源种类和分布的一般规律进行全面了解，踏查应配合分析各种有关地图资料进行。如植被分布图、土壤分布图和地形图，甚至遥感图资料等，这样可以达到事半功倍的效果。

（2）详查

又称全面调查，是在踏查的基础上，详细记录调查区内调查资源的种类、数量、高度、频度、盖度、利用部位的单株重量等情况的过程，是完成资源种类和储量调查的最终步骤，例如，姚振生等对江西九连山自然保护区内的药用植物；秦松云等对重庆的珍稀濒危药用植物资源所进行的调查，实际工作中详查多是在样方内进行（周应群、陈士林等《中药资源调查方法研究》，2005）。

15.3.3.3　路线调查

非木质资源的调查是遵循一定的调查路线有规律地进行的，并在有代表性的区域内选择调查样地，进行资源种类及贮量的调查。踏查、访问和各种参考图件资料，如地形图、植被分布等，是正确确定调查路线的必要保证。代表性样地的选择既要反映野生植物资源分布的普遍意义，又要反映其集中分布特点。在调查路线上，应按一定的距离，随时记录野生植物资源种类的分布情况，并采集植物标本和需要室内做实验分析样品。

（1）路线间隔法

路线间隔法事野生植物资源路线调查的基本方法，是在调查区域内按路线的选择的原则，布置若干条基本平息的调查路线。这种方法采用的基本条件是地形和植被变化比较规则、野生植物资源分布比较明显，穿插部位有道路可行。调查路线之间的距离，因调查地形和植被的复杂程度、野生植物资源分布均匀程度以及调查精度的要求而决定。

（2）区域控制法

当调查地区复杂，植被类型多样，野生植物资源分布不均匀，无法从整个调查区域按一定间距布置调查路线时，可按地形划分区域，分别按选择调查路线的原则，采用路线间隔法、区域控制法。

15.3.3.4　访问调查

咨询当地植物研究所的相关人员及当地的居民，参照历年资料和调查所得到的印象作估计。这种方法虽然不够精确，但是值得参考。

15.3.4　非木质森林资源单株（丛）测定

根据不同类型非木质森林资源的经济价值与利用状况，需要对单株（丛）非木质森林资源不同利用器官的产量进行测定，主要利用器官包括花、果实、根、枝叶、皮等。

15.3.4.1　直接测定法

国内学者一般对非木质林产品资源的定义为干果、水果、花卉、药材、藤本植物、菌类及其副产品等森林植物资源，从资源种类及利用角度来定义，非木质资源主要包括花、果实、种子、枝叶、根、皮、藤本植物及药材等森林资源。这类资源大多数具有可再生，可重复利用等特点，并且具有多种用途。不同类型非木质森林资源产量直接调查方法如下：

（1）花

调查因子主要包括生境调查、株数、株高、花期、颜色、分枝数、花朵数，在样地内随机采摘一定数量（50～100 g）花朵样品，将样品带回室内在烘箱中 45℃ 环境下连续烘 8 h 左右烘干，求得平均单朵干重。如金莲花生物量调查方法，选择金莲花的典型生境，包括沼泽草甸与林中空地两种类型，在沼泽草甸中设置了三条样线，按梯度变化每条样线设置了7个4 m×4 m样方，共21个样方；在林上空地设置了四条样线，按梯度变化每条样线设置了6个4 m×4 m样方，共24个样方。调查各样方的金莲花产量与土壤、光照等环境因子。在样地内随机采摘一定数量的金莲花保留花柄长1 cm左右；样品带回室内在烘箱中45℃环境中烘8 h左右烘干，求得平均单朵干重，最后经过计算得到金莲花各生境类型样方的产量。

（2）果实

选取平均木，在平均木上按冠长平均分为3层，在每层选取一个标准枝，获取标准枝上果实产量，在采果后进行鲜果、干果、仁重的测量，每个处理采果30颗，观测鲜重或干重，单位面积产量＝平均木整株产量×林分密度。如沙棘单株果产量调查方法，调查果枝果密度，首先抽样调查3枝短果枝、3枝中果枝和3枝长果枝求得平均枝长，再选取接近平均长度的3枝果枝调查果密度平均数，误差最小。在实际调查时，不易选择到接近平均枝长的果枝，可选较长果枝，剪取与平均枝长相等的果枝，摘下全部果实调查果密度，也可结合百果重调查求得果密度平均数。调查百果重，应选择半阴面中位果枝或阴面上位果枝，摘下全部果实，随机抽取100粒果称量得百果重。也可结合百果重调查，以果枝果总重除以百果重求得果枝果密度。估算果实产量的公式为：

果产量(kg/株)＝果枝数(枝)×果枝果密度平均数(个/枝)×百果重(g)/100 000

(15-1)

（3）种子

当果实进入成熟期且种子散播前，在林内随机选择一定数量的具有代表性的成年母树，分别于母树树冠投影面积内的东、西、南、北向各设置1个1 m×1 m的种子收集筐，收集筐用4根宽5 cm的木条作支架，筐内底部用纱布制成网，以防止种子下落时反弹，筐底距地面约1 m。种子密度＝母树下收集到的种子总数/4个种子收集筐的面积之和。如陆均松调查方法，陆均松母树胸径大、树干高、树皮滑，采用立木采种方法难以满足需要，研究中采用弓箭牵引攀岩绳上树采种的方式，具体做法是：将细绳的一端连接攀岩绳，另一端拴在箭上，通过射箭，箭将细绳牵引穿过树冠枝杈，细绳将攀岩绳牵引穿过枝杈，并在枝杈的一端将攀岩绳固定，另一端安装上升器，采种人员通过上升器沿攀岩绳攀上树冠枝叉上，再借助高枝剪，剪下有种子的树枝。树冠下铺上塑料布，收集下落的树枝和种子。摘下树枝上的全部种子，利用漂浮法测定饱满种子和空种子。记录全部种子粒数，饱满种子粒数、空种子粒数、未成熟种子粒数、成熟种子粒数、小种子粒数。

（4）根

采用全挖法以样本(单株或单丛)基部为中心向四周辐射，将该样本所有根系挖出，放于土壤筛中筛去泥土，并量测挖掘面积，观测挖出根系的鲜重，随后取样50～100 g带回实验室，在60～75℃环境下烘干至恒重，计算含水率，推算单位面积的生物量。例如，北柴胡调查方法，野外调查中，采用随机取样法分别在林地、灌丛、草甸3种生境类型中采集北柴胡植株样本。其中每种生境类型选取5个采样区，每个采样区采集北柴胡全株约20个，每种生境下采样约100株，总计采样300株。在采样的同时，测量并记录植株的形态特征参数，主要包括株高、叶片数以及分枝数等。之后，将采集的北柴胡植株带回实验室测定根系生物量，并以此值代表根系产量。

（5）皮

采用环剥法或局部剥皮法（半环剥皮法），切树干的 1/2 或 1/3，剥皮宜选多云或阴天，不宜在雨天及炎热的晴天进行。用芽接刀绕树干环切一刀，再在离地面 10 cm 处再环切一刀（如杜仲），再垂直向下纵切一刀，只切断韧皮部，不伤木质部，然后剥取树皮观测其干重，取样 50~100 g 装入塑封袋带回实验室，在 60~75℃ 环境下烘干至恒重，计算含水率，推算单株树皮生物量。如杜仲皮调查方法，杜仲剥皮的时间一般在每年的 2 月中旬至 7 月底，最佳时机在雨后天气晴朗的 10：00 以前或 16：00 以后。一般采用环状剥皮。用剥皮刀在主干距地面 10 cm 处割一横圈，在第一分枝下 10 cm 处割一横圈，再纵割一刀，纵刀上下与两个横圈相连，深度为隔断韧皮部但不伤及木质部；而后用剥皮刀挑开树皮，轻轻剥离，直至将整块树皮剥落。亦可在主干纵向留 1 条约 10 cm 的树皮带作为养分输送带，然后按上述方法将其余树皮剥落。将刚剥下的树皮应平展开来，两两内皮相对，叠放在一起，压平、压实，在 60~75℃ 环境下烘干至恒重，计算单位面积产皮量。

（6）藤本植物

采用全株收获法，分别测定单株藤本样木的长度、基径（从地面至 30 cm 长度处的直径），并分茎、枝、叶器官称量各自鲜重；同时分别采集各样木不同器官新鲜样品，带回实验室以 80 ℃ 的温度烘干至恒重，用电子天平称质量，求样品干鲜质量比，将各器官鲜重换算成干质量，再根据样地每木调查资料换算单位面积干质量生物量。

15.3.4.2　间接测定法

对于面积较大、分布较广的非木质森林资源调查，通常采用间接方法进行调查，主要包括：走访咨询，由调查人员到林场、附近村屯向有经验的"跑山人"咨询，了解经营区各类非木资源的分布情况；查阅资料，查阅林相图、森林资源调查档案、志书等资料，进一步了解各类非木质资源情况；模型法，以查阅的资料和咨询信息为参考，到现地进行实测（林分类型及特征、土壤性质、光照强度、物种分布、生长特性等），通过非木质森林资源产量与各调查因子的相关关系，来构建非木质森林资源的产量预测模型。马凯基于调查数据建立了金莲花株数、产量与环境因子的关系模型：

$$Y_1 = 32.606 - 66.312x_1 + 40.330x_2 \tag{15-2}$$
$$Y_2 = -17.677 - 14.188x_1 + 19.807x_2 + 21.414x_3 \tag{15-3}$$

式中　Y_1——株数；

　　　Y_2——产量；

　　　x_1——直射率；

　　　x_2——0~10 cm 含水量；

　　　x_3——0~10 cm 土壤容重。

王文平等对 5 个榛子品种的产量与主干横截面积和产量关系进行了调查研究，榛子主干横截面积与产量有显著的直线回归关系，并建立了榛子主干粗度与产量关系模型：

$$Y = 0.53 + 0.023\ 1x \tag{15-4}$$

式中　Y——榛子产量（kg/株）；

　　　x——主干断面积（cm^2）。

榛子主干横截面积每增加 1 cm^2，产量就会增加 0.023 1 kg。

15.3.5 非木质森林资源林分调查

15.3.5.1 调查方法

为了掌握非木质林分资源的状况及其变化规律，满足经营管理工作的需求，应对非木质林分资源进行某些专业性调查。但在实际工作中，不可能也没有必要对全林分非木质资源进行调查，通常采用随机抽样或典型取样的方法进行局部调查，设置样带、样线、样方、样株和样枝等获得林分各调查因子的数量及质量指标，并根据调查结果按比例推算全林分的结果进行调查。非木质资源林分调查基本结构可以分为：①调查总体的界定与选择，熟悉目标资源的生物学特点和适宜分布区；②抽样设计，根据目标不同决定设置样地的方式；③样地数量，依据样地分布、样地大小和调查精度确定样地数量；④调查对象的统计方式，根据调查目标的生物学特点选择合适的计数方法。

样地数量是决定抽样误差的关键因素，样地的数量越多，抽样误差就越小，取得的结果就越精确。样地数量取决于 3 个方面：①调查的精度要求。②资源的变动程度，变动范围大的物种比变动范围小的物种需要更多的样地，资源的变动系数要通过预调查得到。③每个样地的调查成本。一般样地的数量以使误差控制在可接受的范围内即可，该误差范围根据调查目的和实际需要来决定，一般控制在 10%~20%。Rabindranath 等在对小区域生物量监测的研究中，针对不同类型的物种给出一个样地规格和数量的参考数据：①乔木样地规格为 25 m×20 m，在植被种类变动高时的样地数量为 15~20 个/hm^2，植被种类较为一致时的样地数量为 10~15 个/hm^2。②次生乔木样地规格为 5 m×5 m，样地数量为 20~30 个/hm^2。③灌木样地规格为 5 m×5 m，样地数量为 20~30 个/hm^2。④草本植物样地规格为 1 m×1 m，样地数量为 40~50 个/hm^2；或者样地规格为 4 m×4 m，样地数量为 4~5 个/hm^2。

一般样地的数量以使误差控制在可接受的范围内即可，该误差范围根据调查目的和实际需要来决定，通常控制在 10%~20% 之间。针对不同类型的非木质资源给出一个样地规格和数量的参考数据：

（1）乔木

一般采用在样地内每木检尺的方法调查，如棕榈调查。在人工林或天然林中随机设置大小为 30 m×30 m 样地，在植被种类变动较大时，样地数量为 20~30 个，植被种类较为一致时样地数量为 15~20 个，观测乔木株数、郁闭度、种类、胸径、树高、冠幅、冠长、立木度等，计算单木或林分生长量与生产力。

（2）非乔木

如藤本植物调查。设置 15~20 个 1 hm^2 的样地，每个样地内设 5 个 4 m×100 m 的调查带，每个相隔 16~20 m，在调查带内记录所有直径≥1 cm 的藤本植物，测量直径和种类并归类。

（3）寄生植物

一般主要调查寄生植物的数量和形态大小，如槲寄生调查。选择 30~60 个样地大小为 25 m×20 m 的典型样地，记录槲寄生的株数和形态大小。

(4)草本植物

一般调查草本植物的种类和数量,如林下草本植物调查。在分布区内设置 100 m×100 m 标准地,在标准地内用机械布点的方法设置 100 个 1 m×1 m 的小样方进行调查。

(5)菌类调查

一般采用踏查的方式进行调查,如松茸等。随机设置抽样点,记录抽样点内是否有松茸,并以抽样点为中心设置 25 m×25 m 样地,观测样地内森林覆盖情况和平均树高,设置 5 m×5 m 小样方并观测灌木种类及覆盖情况,设置 2 m×2 m 小样方观测枯枝落叶覆盖情况。主要观测菌类的形状、种类、菌丝体及子实体适生温度和环境条件等。测定真菌的组成、密度、多度(分为极多、很多、多、少、稀有 5 个等级)和生物量。菌类生物量测定包括 3 个主要阶段:第一,定型阶段。采摘的菌类烘制起始温度调控至 33~35 ℃,随着温度的自然下降,至 26 ℃时稳定 4 h。第二,脱水阶段。从 26 ℃开始,每小时升高 2~3 ℃,及时调节相对湿度达 10%,维持 6~8 h,温度匀缓上升至 51 ℃时恒温。第三,整体干燥阶段。由恒温升至 60 ℃约经 6~8 h,当烘至八成干时,应取出烘筛晾晒 2 h 后,再上机烘烤 2 h 左右观测其生物量,最后推算适生区产量。

15.3.5.2　非木质森林资源产量估测模型

在非木质森林资源调查中,除了要确定样地数量外,还需要确定被测量的样地的大小,样地越大,测量这些样地就越费工费时。为了降低大面积调查成本,非木质森林资源产量可用数学模型来估算,通过建立数学模型来间接估测非木质森林资源产量及其空间分布规律的一种预测方法。研究中通常采用某种非木质资源产量与立地因子(经纬度、海拔、坡向、坡位、土壤质地等)、林分因子(树种组成、年龄、胸径、树高、密度等)及生长特性(株高、叶片数、分支数、果实大小、花朵数等)之间的关系建立预测模型。

目前,建立非木质森林资源产量预测模型方法较多,应用较广泛的方法有:线性模型、多元线性模型(MLM)、广义线性模型(GLM)、广义可加模型(GAM)等,其中线性模型和多元线性模型在研究中侧重于拟合自变量和因变量之间较为简单的线性响应关系问题,优势在于处理软件比较成熟,处理过程比较简单;广义线性模型在研究中侧重于解决自变量发生线性变化时,因变量发生非线性响应的关系模拟;广义可加模型在研究中侧重解决自变量发生非线性变化时,因变量同时发生非线性响应的复杂关系拟合问题。例如,北柴胡产量预测模型:

$$P = A \times \frac{1}{ma} \sum_{j=1}^{m} \sum_{i=1}^{n} f_{ji}(x_{ji1}, x_{ji2}, x_{ji3}) \tag{15-5}$$

式中　P——某植物群落类型中的北柴胡产量,以根系干重表示(t);

　　　a——样方的面积(hm^2);

　　　A——该植物群落类型的总面积(hm^2);

　　　m——群落中的调查样地数量;

　　　n——群落每个样地中北柴胡植株的数量;

　　　f_{ji}——用于第 j 样地中第 i 株柴胡的根生物量计算模型式;

　　　x_{ji1},x_{ji2},x_{ji3}——该群落类型中第 j 个样地内、第 i 株北柴胡的株高、叶片数和分枝数。

陈兴等利用 2002—2005 年食用菌数据，建立了北京和云南食用菌产量预测模型：$Y = a+bt$（式中，Y 表示产量，t 表示时间，a，b 为模型待估参数）。朱锦愁等选用逻辑斯蒂回归、多次（二次、三次、四次）多项式回归、三阶自回归模型、指数回归，根据古田县银耳、香菇产量均已进入饱和发展时期的特点，选择加权系数 a 分别为 0.3、0.5 和 0.9 进行指数平滑法预测，预测公式为：

$$Y_{k+1} = aY_k + (1 - a)\hat{y}_k \tag{15-6}$$

式中　Y_{k+1}——$k+1$ 时期的预测产量；

　　　Y_k——k 时期的产量；

　　　$\hat{y}_k$——k 时期的预测产量。

根据模型预测古田县未来几年银耳年产量为 2 000 t，变化在 1 606～2 398 t 范围内；香菇年产量为 2 848 t 左右，变化在 2 442～3 253 t 范围内。

王继永等对林药间作系统中药用植物产量的空间分布规律进行研究，并建立了毛白杨不同林地位置间作的甘草、桔梗、天南星 3 种药用植物的产量预测模型，其中甘草、桔梗、天南星产量预测模型分别为：

$$Y_1 = 0.007\ 2x^2 - 0.008\ 6x - 0.731\ 0 \tag{15-7}$$

$$Y_2 = -0.010\ 16x^2 + 0.215\ 1x + 1.042\ 0 \tag{15-8}$$

$$Y_3 = -0.004\ 6x^2 + 0.058\ 9x + 1.146\ 0 \tag{15-9}$$

式中　Y_1，Y_2，Y_3——药用植物甘草、桔梗、天南星产量（t/hm^2）；

　　　x——毛白杨行距（m）。

当前模型参数估计值都来源于非常有限的数据，同时不同资源最佳收获量又受到诸多因素影响，如立地、气候、年龄、密度及与其他物种竞争等，所以确定不同条件下非木质资源产量是一个复杂的问题。迄今为止，还没有哪一种模型能够精确地估测某种非木质资源的产量或者适用于所有的情况，但模型在不断地改进和完善，估测值也越来越接近真实值。

应用当地知识，可以快速了解当地资源种类和分布情况、有经济价值的物种、植被类型、资源收获技术和频率、非木质资源利用历史、人类活动对环境影响等。在很多案例中，森林调查和监测都是由当地人完成的，当地生态知识在可持续收获应用中发挥了很大作用，因此要重视和利用这种信息。要把当地知识和系统的科学知识结合起来，就必须做到把物种的地方名称和学名匹配起来，充分发挥当地的生态知识在调查监测中的作用。

15.4　思考题

（1）非木质森林资源类型划分方法及特点是什么？

（2）非木质森林资源单株测定方法是什么？

（3）非木质森林资源林分调查的方法是什么？

参考文献

阿努钦 H Ⅱ, 1958. 测树学[M]. 王锡嘏, 等译. 北京: 中国林业出版社.

白云庆, 郝文康, 等, 1987. 测树学[M]. 哈尔滨: 东北林业大学出版社.

曹忠, 巩奕成, 冯仲科, 等, 2015. 电子经纬仪测量立木材积误差分析[J]. 农业机械学报, 46(1): 292-298.

仇瑶, 常顺利, 张毓涛, 等, 2015. 天山林区六种灌木生物量的建模及其器官分配的适应性[J]. 生态学报, 35(23): 7842-7851.

董利虎, 李凤日, 2016. 大兴安岭东部天然落叶松林可加性林分生物量估算模型[J]. 林业科学, 52(7): 13-21.

董利虎, 张连军, 李凤日, 2015. 立木生物量模型的误差结构和可加性[J]. 林业科学, 51(2): 28-36.

段劼, 马履一, 贾黎明, 等, 2009. 北京低山地区油松人工林立地指数表的编制及应用[J]. 林业科学, 45(3): 7-12.

方怀龙, 1995. 现有林分密度指标的评价[J]. 东北林业大学学报, 23(4): 100-105.

符利勇, 雷渊才, 曾伟生, 2014. 几种相容性生物量模型及估计方法的比较[J]. 林业科学, 50(6): 42-54.

耿晓, 2011. 红松阔叶林蘑菇资源分布的调查分析[D]. 北京: 中国林业科学研究院.

耿晓, 李海奎, 郑立生, 等, 2010. 非木质森林资源抽样调查方法与监测[J]. 世界林业研究, 23(3): 48-53.

李凤日, 2019. 测树学[M]. 4版. 北京: 中国林业出版社.

李海奎, 赵鹏祥, 雷渊才, 等, 2012. 基于森林清查资料的乔木林生物量估算方法的比较[J]. 林业科学, 48(5): 44-52.

李贤伟, 李守剑, 张健, 等, 2002. 四川盆周西缘水杉人工林林地立地质量评价研究[J]. 四川农业大学学报, 20(2): 106-109.

李永宁, 马凯, 黄选瑞, 2011. 金莲花产量抽样调查的样地最小面积与形状研究[J]. 草业学报, 20(4): 61-69.

廖显春, 杨祖达, 吴虹, 等, 1997. 宜昌县马尾松人工林立地质量评价系统研究[J]. 华中农业大学学报, 16(6): 605-608.

刘振魁, 1997. 高寒草甸白蘑菇圈与圈外植物及土壤的比较[J]. 草业科学, 14(3): 68-70.

罗永开, 方精云, 胡会峰, 2017. 山西芦芽山14种常见灌木生物量模型及生物量分配[J]. 植物生态学报, 41(1): 115-125.

马炜, 孙玉军, 2013. 长白落叶松人工林立地指数表和胸径地位级表的编制[J]. 东北林业大学学报, 41(12): 21-38.

孟宪宇, 1996. 测树学[M]. 北京: 中国林业出版社.

孟宪宇, 2006. 测树学[M]. 3版. 北京: 中国林业出版社.

史京京, 雷渊才, 赵天忠, 2009. 森林资源抽样调查技术方法研究进展[J]. 林业科学研究, 22(1): 101-108.

唐艺, 2012. 基于三维激光扫描技术的活立木材积测量方法[D]. 北京: 北京林业大学.

陶冶, 张元明, 2013. 荒漠灌木生物量多尺度估测——以梭梭为例[J]. 草业学报, 22(6): 1-10.

图力古尔, 李玉, 2000. 大青沟自然保护区大型真菌群落多样性研究[J]. 生态学报, 20(6): 986-991.

王佳, 宋珊芸, 刘霞, 等, 2014. 结合影像光谱与地形因子的森林蓄积量估测模型[J]. 农业机械学报, 45(5): 216-220.

王雪峰, 陆元昌, 2013. 现代森林测定法[M]. 北京: 中国林业出版社.

徐祯祥, 1990. 测定单株立木材积的形点法[J]. 林业科学(4): 475-480.

曾鸣, 聂祥永, 曾伟生, 2013. 中国杉木相容性立木材积和地上生物量方程[J]. 林业科学, 49(10): 74-79.

曾伟生, 2014. 杉木相容性立木材积表系列模型研建[J]. 林业科学研究, 27(1): 6-10.

张会儒, 2018. 森林经理学研究方法与实践[M]. 北京: 中国林业出版社.

张佳平, 丁彦芬, 2012. 中国野生观赏植物资源调查、评价及园林应用研究进展[J]. 中国野生植物资源, 31(6): 18-23, 31.

张民侠, 佘光辉, 2010. 盗伐、滥伐林木材积测算及定案研究[J]. 南京林业大学学报(自然科学版), 34(1): 85-90.

张智文, 李长田, 于逸竹, 等, 2011. 菌根菌生物量测定方法比较[J]. 北方园艺(21): 174-177.

中华人民共和国农林部, 1978. 立木材积表: LY 208—1977[S]. 北京: 中国标准出版社.

周应群, 陈士林, 张本刚, 等, 2005. 中药资源调查方法研究[J]. 世界科学技术, 7(6): 130-136.

Aaron R W, David W H, John A K, *et al.*, 2011. Forest Growth and Yield Modeling[M]. Wiley Online.

Arabatzis A A, Burkhart H E, 1992. An evaluation of sampling methods and model forms for estimating height-diameter relationships in loblolly pine plantations[J]. Forest Science, 38: 192-198.

Arney J D, 1985. A modeling strategy for the growth projection of managed stands[J]. Canadian Journal of Forest Research, 15: 511-518.

Benedicto V, Fernando C, Marcos Barrio-Anta, *et al.*, 2009. A generalized height-diameter model with random coefficients for uneven-aged stands in El Salto, Durango (Mexico)[J]. Forestry, 82(4): 445-462.

Berger A, Gschwantner T, Mcroberts R E, *et al.*, 2014. Effects of Measurement Errors on Individual Tree Stem Volume Estimates for the Austrian National Forest Inventory[J]. Forest Science, 60(1): 14-24.

Bi H, Turner J, Lambert M J, 2004. Additive biomass equations for native eucalypt forest trees of temperate Australia[J]. Trees, 18(4): 467-479.

Canham C D, Finzi A C, Pacala S W, *et al.*, 1994. Causes and consequences of resource heterogeneity in forests: interspecifi c variation in light transmission by canopy trees[J]. Canadian Journal of Forest Research, 24: 337-349.

Castedo-Dorado F, Diéguez-Aranda U, Barrio M, *et al.*, 2006. A generalized height-diameter model including random components for *radiata pine* plantations in northeastern Spain[J]. Forest Ecology and Management, 229: 202-213.

Colbert K C, 2002. Height – diameter equations for thirteen Midwestern bottomland hardwoods species[J]. Northern Journal of Applied Forestry, 19: 171-176.

Crecente-Campo F, Soares P, Tome M, *et al.*, 2010. Modelling annual individual-tree growth and mortality of Scots pine with data obtained at irregular measurement intervals and containing missing observations[J]. Forest Ecology and Management, 11: 1965-1974.

Curtis R O, 1967. Height-diameter and height-diameter-age equations for second-growth Douglas-fir[J]. Forest Science, 13: 365-375.

Fang Z, Bailey R L, 1998. Height-diameter models for tropical forests on Hainan Island in southern China[J]. Forest Ecology and Management, 110: 315-327.

Fox J C, Ades P K, Bi H, 2001. Stochastic structure and individual-tree growth models[J]. Forest Ecology and Management, 154: 261-276.

Gillet P, Vermeulen C, Doucet J L, et al., 2016, What are the impacts of deforestation on the harvestofnon-timber forest products in central Africa? [J]. Forests, 7(106): 1-15.

Hans Pretzsch, 2009. Forest Dynamics, Growth and Yield[M]. Berlin: Springer.

Huang S, Price D, Titus S J, 2000. Development of ecoregion-based height-diameter models for white spruce in boreal forests[J]. Forest Ecology and Management, 129: 125-141.

Huang S, Titus S J, 1994. An age-independentindividual tree height prediction model for borealspruce-aspen stands in Alberta[J]. Canadian Journal of Forest Research, 24: 1295-1301.

Huang S, Titus S J, Wiens D P, 1992. Comparison of nonlinear height-diameter functions for major Alberta tree species[J]. Canadian Journal of Forest Research, 22: 1297-1304.

Jayaraman K, Lappi J, 2001. Estimation of height-diameter curves through multilevel models with special reference to even-aged teak stands[J]. Forest Ecology and Management, 142: 155-162.

Kar S P, Jacobson M G, 2012. NTFP income contribution to household economy and related socio-economicfactors: Lessons from Bangladesh [J]. Forest Policy and Economics, 14: 136-142.

King D A, 1990. The adaptive significance of tree height[J]. A american journal of perinatology, 135: 809-828.

Lappi J, 1997. A longitudinal analysis of height/diameter curves[J]. Forest Science, 43: 555-570.

Larsen D R, Hann D W, 1987. Height-diameter equations for seventeen tree species in southwest Oregon[R]. Corvallis, OR: Forest Research Laboratory, College of Forestry, Oregon State University.

Lei X, Peng C, Wang H, et al., 2009. Individual height – diameter models for young black spruce (Picea mariana) and jack pine (Pinus banksiana) plantations in New Brunswick, Canada[J]. Forest Chronicle, 85: 43-56.

Ludvig A, Tahvanainen V, Dickson A, et al., 2016. The practice of entrepreneurship in the non-woodforest products sector: support for innovation on private forest land [J]. Forest Policy and Economics, 66: 31-37.

Mauya E W, Mugasha W A, Zahabu E, 2014. Models for estimation of tree volume in the miombo woodlands of Tanzania[J]. Southern Forests: A Journal of Forest Science, 76(4): 209-219.

Mehtatalo L, 2004. A longitudinal height-diameter model for Norway spruce in Finland[J]. Canadian Journal of Forest Research, 34: 131-140.

Newton P F, Lei Y, Zhang S Y, 2005. Stand-level diameter distribution yield model for black spruce plantations [J]. Forest Ecology and Management, 209(3): 181-192.

Oliver C D, Larson B C, 1990. Forest Stand Dynamics[M]. New York: McGraw Hill.

Parresol B R, 2001. Additivity of nonlinear biomass equations[J]. Canadian Journal of Forest Research, 31(5): 865-878.

Peng C, Zhang L, Liu J, 2001. Developing and validating nonlinear height-diameter models for major tree species of Ontario's boreal forest[J]. Northern Journal of Applied Forestry, 18: 87-94.

Poudel K P, Temesgen H, 2016. Methods for estimating aboveground biomass and its components for Douglas-fir and Lodgepole pine trees[J]. Canadian journal of forest research, 46: 77-87.

Rizvi R H, Dhyani S K, Yadav R S, et al., 2011. Biomass production and carbon stock of poplar agroforestry systems in Yamunanagar and Saharanpur districts of northwestern India [J]. Current Science, 100 (5): 736-742.

Robinsonl B E, 2016. Conservation vs. livelihoods: spatial management of non-timberforest product harvests in a two-dimensional model [J]. Ecological Applications, 26(4): 1170-1185.

Saunders M R, Wagner R G, 2008. Height-diameter models with random coefficients and site variables for tree species of Central Maine[J]. Annals of Forest Science, 65: 203-213.

Sharma M, Zhang S Y, 2004. Height-diameter models using stand characteristics for Pinus bank siana and Picea-mariana[J]. Scandinavian Journal of forest Research, 19: 442-451.

Stankova T V, Diéguez-Aranda U, 2013. Height-diameter relationships for Scots pine plantations in Bulgaria: optimal combination of model type and application Ann[J]. Forest Science, 56(1): 149-163.

Steele M Z, Shackleton C M, Shaanker R U, et al., 2015. The influence of livelihood dependency, local ecological knowledge and market proximity on the ecological impacts of harvesting non-timber forest products [J]. Forest Policy and Economics, 50: 285-291.

Temesgen H, Gadow K, 2004. Generalized height-diameter models-an application for major tree species in complex stands of interior British Columbia[J]. European Journal of Forest Research, 123: 45-51.

Trauernicht C, Ticktin T, 2005. The effects of non-timber forest product cultivation on the plant community structure and composition of a humid tropical forest in southern Mexico [J]. Forest Ecology and Management, 219 (3): 269-278.

Trorey L G, 1992. A mathematical method for the construction of diameter height curves based on site[J], Forestry Chronicle, 8: 121-132.